长爪沙鼠组织学图谱

The histological map of Mongolian gerbil

褚晓峰 主编

浙江工商大学出版社
ZHEJIANG GONGSHANG UNIVERSITY PRESS

图书在版编目(CIP)数据

长爪沙鼠组织学图谱 / 褚晓峰主编 . — 杭州：浙江工商大学出版社，2017.9

ISBN 978-7-5178-2348-3

Ⅰ . ①长… Ⅱ . ①褚… Ⅲ . ①长爪沙鼠 – 动物组织学 – 图谱 Ⅳ . ① Q959.837-64

中国版本图书馆 CIP 数据核字（2017）第 216119 号

长爪沙鼠组织学图谱

褚晓峰　主编

责任编辑	郑　建	
封面设计	林朦朦	
责任印制	包建辉	
出版发行	浙江工商大学出版社	
	（杭州市教工路 198 号　邮政编码 310012）	
	（E-mail: zjgsupress@163.com）	
	电话 : 0571-88904980, 88831806（传真）	
印　　刷	杭州恒力通印务有限公司	
开　　本	889mm×1194mm　1/16	
印　　张	7.5	
字　　数	173 千	
版 印 次	2017 年 9 月第 1 版　2017 年 9 月第 1 次印刷	
书　　号	ISBN 978-7-5178-2348-3	
定　　价	45.00 元	

长爪沙鼠组织学图谱
编纂委员会

主　编	褚晓峰
副主编	杨利峰　萨晓婴　宋晓明
编　者	郭红刚　李　巍　戴方伟　卢领群
	赵德明　柯贤福　胡慧颖　吕　宇
	石巧娟　应华忠　周向梅　楼　琦
	周莎桑　顾美儿　刘桂杰　杜江涛

前　言

　　实验动物是非常重要的实验资源，对现代科学的发展具有不可替代的作用。实验动物的标准化意义深远，是科学进行动物实验和保证试验结果精确的前提。目前有关长爪沙鼠的组织学和病理学资料还不足。对于长爪沙鼠的组织学和病理学研究不仅有利于长爪沙鼠检测标准的建立，而且对长爪沙鼠质量控制和相关动物实验也有着重要意义，因此我们进行了长爪沙鼠的组织学研究和长爪沙鼠自发疾病病理学研究。

　　长爪沙鼠（*Meriones unguiculatus*）属于哺乳纲，啮齿目，仓鼠科，沙鼠属动物，分布于内蒙古自治区及其毗邻的省区，后传至日本和欧美等国家和地区。日本和欧美学者对其生长繁殖、生物学特性、生理学指标、遗传特性进行了研究，利用长爪沙鼠培育了癫痫等模型近交系。长爪沙鼠作为实验动物用于多种动物实验，因其脑底动脉、前列腺、眼、耳等独特的解剖结构及对丝虫、幽门螺旋杆菌和汉坦病毒等易于感染的特性，已被广泛地应用于脑神经、寄生虫病、微生物、生殖、内分泌、营养、代谢、药理及肿瘤等诸多领域研究，被称为"多功能"实验动物。长爪沙鼠从野生到驯养，再到实验动物化乃至将其用作动物实验迄今已有80多年的历史。

　　浙江省医学科学院（以下简称"医科院"）对长爪沙鼠的实验动物化始于1978年，在成功突破人工繁育的基础上，经过近40年61代的封闭选育，已育成一个生物学性能稳定的长爪沙鼠新品系，定名为Z∶ZCLA长爪沙鼠，属国内首创。在科技部重大基础研究基金等项目资助下，医科院对长爪沙鼠的生物学和群体遗传学特性进行了较为系统的研究，获浙江省科技进步三等奖和浙江省医药卫生科技三等奖。近年来，发表关于长爪沙鼠的研究论文50余篇。在"十一五""十二五"科技支撑计划和省实验动物公共服务平台的资助下，医科院相继突破长爪沙鼠生物净化、无菌剖腹产、人工代乳等技术难关，成功组建了长爪沙鼠封闭群，现正进行封闭繁育。另外，还制定了长爪沙鼠封闭群生物净化、代乳方法、封闭群繁殖方法及生产管理三项技术规程。相关微生物、寄生虫和遗传的检测技术和质量标准也在制定过程中。长爪沙鼠是研究流行性出血热病毒

（EHFV）特性的首选实验动物，相关科学家利用长爪沙鼠研制了国际上第一个流行性出血热疫苗（I 类），获得了国家科技进步一等奖和国家重点新产品称号。利用长爪沙鼠生产的流行性出血热疫苗市场占有率达 60% 以上，年产值 1.5 亿元以上，为我国防治流行性出血热，保护人民健康发挥了重要作用，取得了重大的社会效益和经济效益。

实验用长爪沙鼠经麻醉后股动脉放血处死，剖检后取材。共观察了长爪沙鼠的五十多个器官组织，十七个系统的组织结构，分别为上皮组织、结缔组织、软骨、骨、肌组织、神经组织、神经系统、循环系统、免疫系统、皮肤组织、内分泌系统、消化管、消化腺、呼吸系统、泌尿系统、雄性生殖系统、雌性生殖系统、眼和耳，详细描述了其细胞形态及相应的功能。

取材部位包括：骨、骨髓、骨骼肌、平滑肌、心肌、脊髓、大脑、小脑、脑膜、动脉、静脉、毛细血管、胸腺、淋巴结、脾脏、扁桃体、皮肤、皮下组织、脂肪、甲状腺、甲状旁腺、肾上腺、垂体、松果体、舌、食道、胃、十二指肠、空肠、回肠、结肠、直肠、腮腺、颌下腺、胰腺、肝脏、胆囊、鼻黏膜、喉、气管、肺、肾脏、输尿管、膀胱、睾丸、前列腺、精囊腺、输精管、阴茎、卵巢、输卵管、子宫、乳腺、眼、耳。组织处理为常规石蜡切片、HE 染色。

通过对长爪沙鼠的剖检与组织学光镜观察，医科院研究人员全面描述了长爪沙鼠各系统器官的组织结构，获得了宝贵的组织学资料，丰富了实验动物组织学的研究资料，为长爪沙鼠的应用提供了理论基础，建立了长爪沙鼠正常组织学数据库。该数据库及图谱作为研究和制定实验动物病理检测标准的基础，是实验动物标准化内容的重要补充，同时也是生命科学研究，以及药品、食品安全性评价等试验中长爪沙鼠是否存在病理变化的正常对照依据；长爪沙鼠正常组织学的研究、数据库的建立及本图谱的出版为制定浙江省地方标准——《长爪沙鼠病理诊断技术规范》提供了可靠的对照依据。

褚晓峰

2017 年 6 月

目 录

第一部分

正常组织学图谱

一、神经系统

1. 大脑

分子层（molecular layer，ML）：位于大脑皮质的浅层，由较多的神经纤维构成，神经元相对较少并且较小。

外颗粒层（external granular layer，EGL）：位于分子层的深层，细胞构成主要为星形细胞和少量小锥体细胞，细胞较为密集。

外锥体细胞层（external pyramidal layer，EPL）：位于颗粒层内侧，分界不明显，细胞构成主要为星形细胞和中小型的锥体细胞。

内颗粒层（internal granular layer，IGL）：位于外锥体层和内锥体层之间，分界不明显，细胞以星形细胞为主。

内锥体细胞层（internal pyramidal layer，IPL）：位于内颗粒层内侧，分界不明显，细胞以中型和大型的锥体细胞为主。

多形细胞层（polymorphic layer，PL）：位于大脑皮质的最内层，其细胞构成包括梭形细胞、颗粒细胞和锥体细胞。

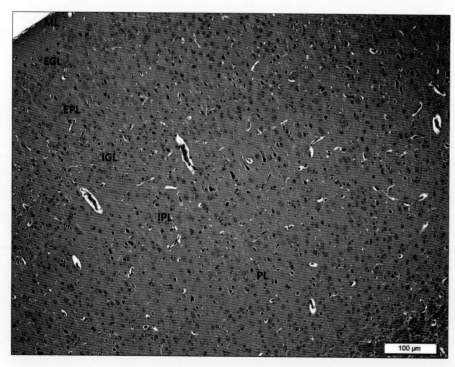

H.E. 100×

ML：分子层；EGL：外颗粒层；EPL：外锥体细胞层；IGL：内颗粒层；

IPL：内锥体细胞层；PL：多形细胞层

锥体细胞（pyramidal cell，PC）：位于大脑皮质的神经元，按照神经元胞体的形态可以分为锥体细胞、颗粒细胞及梭形细胞。锥体细胞可分为小型、中型和大型，其主要的结构特点是胞体结构呈三角形。

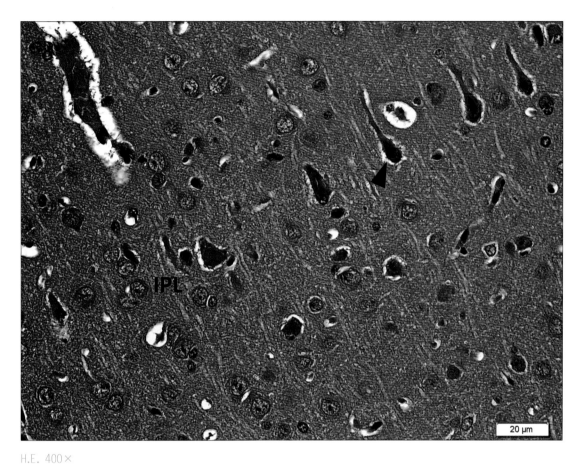

H.E. 400×

IPL：内锥体细胞层；PC：锥体细胞（黑箭头）

2. 小脑

分子层（molecular layer, ML）：位于小脑皮质的最浅层，细胞构成主要包括分布于较浅层的小的星形细胞和分布于较深层的篮状细胞。

浦肯野细胞层（purkinje cell layer, PCL）：位于分子层和颗粒层之间，由一层浦肯野细胞构成。

颗粒层（granular layer, GL）：位于小脑皮质的最深层，分界明显，细胞排列较密集，染色较深。

浦肯野细胞（purkinje cell, PC）：浦肯野细胞体积较大，细胞胞体呈梨形。

颗粒细胞（granular cell, GC）：颗粒细胞体积较小，染色相对较深。

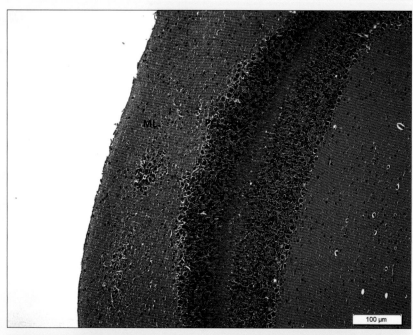

H.E. 100×

ML：分子层；

PCL：浦肯野细胞层；

GL：颗粒层；

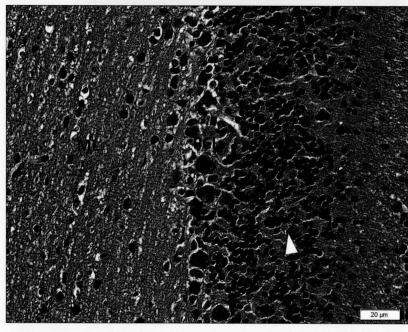

H.E. 400×

ML：分子层；

PCL：浦肯野细胞层；

GL：颗粒层；

PC：浦肯野细胞（黑箭头）；

GC：颗粒细胞（白箭头）

3. 脊髓

低倍镜观察：

可见脊髓横截面略呈扁圆形，外包有结缔组织软膜。背正中隔和腹正中裂将脊髓分为左、右两个部分。脊髓中央呈蝴蝶型的结构为灰质（GM），周围为白质（WM）。

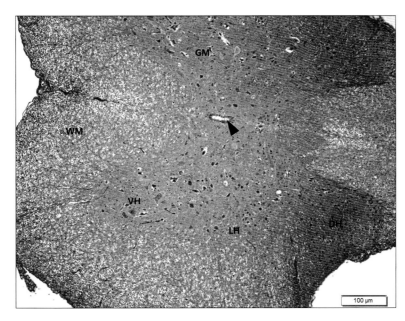

高倍镜观察：

灰质部分主要由神经元胞体、树突、轴突近胞体部分，以及神经胶质细胞和无髓神经纤维组成。灰质中央为中央管（CC），管腔内表面为室管膜上皮。两背侧窄小处为背角（DH），两翼腹侧宽大处为腹角（VH），背角与腹角之间凸向白质的部分为侧角（LH）。脊髓白质部分主要由神经纤维构成，其间可见少量神经胶质细胞（NG）和尼氏小体（NB）。

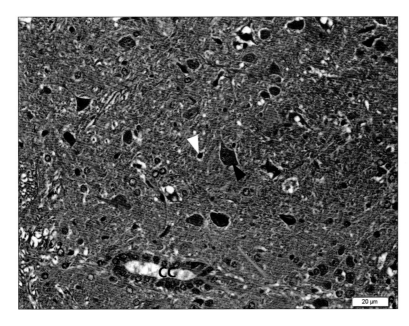

4. 坐骨神经

低倍镜观察：

坐骨神经由走向一致的神经纤维集合在一起，与结缔组织、毛细血管、毛细淋巴管共同构成。神经纤维间的结缔组织为神经内膜，包绕在单条神经束（nerve fiber，N）周围的结缔组织为神经束膜（perineurium，PE）。

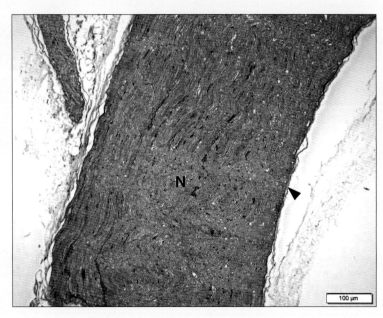

H.E. 100×

N：神经束；

PE：神经束膜（黑箭头）

高倍镜观察：

神经束内大小不等的粉染条索状结构为轴突（axon，AX），轴突周围的环形嗜酸性网状结构为髓鞘（MS），髓鞘内可见嗜碱性的髓鞘细胞核，又称施万细胞（Schwann cell，SC）。

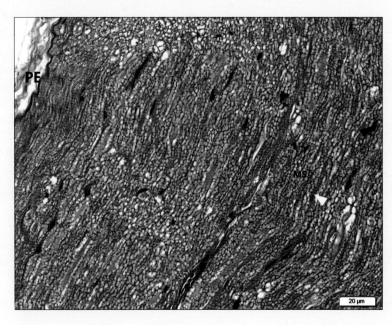

H.E. 400×

PE：神经束膜；

SC：施万细胞（黑箭头）；

AX：轴突（白箭头）；

MS：髓鞘

二、循环系统

1. 心脏

低倍镜观察：

心壁由内向外，可分为心内膜（endocardium，EC）、心肌膜（myocantium，Mc）和心外膜（epicardium，epi）三层。

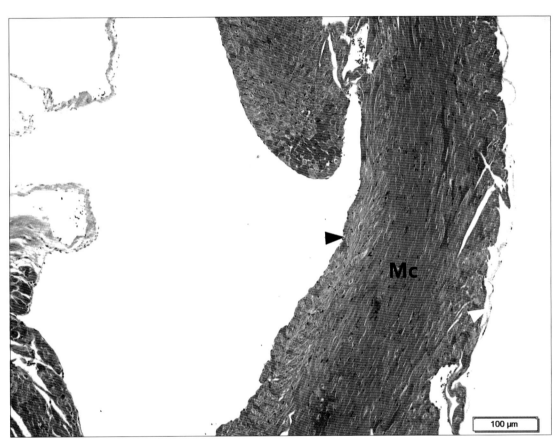

H.E. 100×

EC：心内膜（黑箭头）；Mc：心肌膜；epi：心外膜（白箭头）

高倍镜观察：

心内膜（endocardium，EC）： 由表及里分成三部分结构，分别为内皮、内皮下层及心内膜下层。

内皮（endothelium，En）： 单层扁平细胞组成。

内皮下层（subendothelial layer，SL）： 较致密的薄层结缔组织。

心内膜下层（subendocardial layer）： 内含有浦肯野纤维（purkinje fiber，PF），细

胞染色较淡，可看作区分心内膜和心外膜的标志。

心肌膜（myocardium，Mc）：主要由心肌纤维组成。心肌纤维主要呈螺旋状排列，大致分为内纵、中环和外斜三层。

心外膜（epicardium，epi）：由薄层疏松结缔组织及一层间皮构成。

间皮（mesothelium，M）：与其下层疏松结缔组织共同组成心外膜。

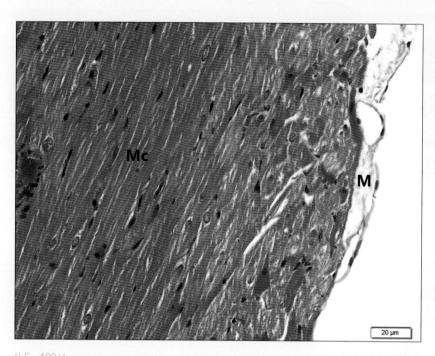

H.E. 400×

M：间皮；Mc：心肌膜

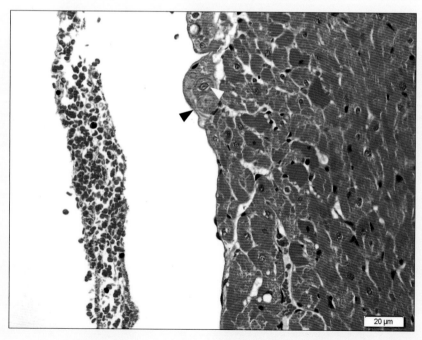

H.E. 400×

En：内皮（黑箭头）；PF：浦肯野纤维（白箭头）

2. 动脉

低倍镜观察：

动脉壁可分为上皮（epithelium，E）、中膜和外膜。

内膜（tunica intima，TI）：内膜一般无血管分布，营养由动脉内血液渗透供应。

中膜（tunica media，TM）：较厚，含 20~40 层弹性膜和大量弹性纤维。

外膜（tunica externa，TE）：较薄，内侧由弹性内膜，外侧由疏松结缔组织构成，纤维细胞是主要的细胞成分，可见散在分布的营养血管，分布到外膜跟中膜。

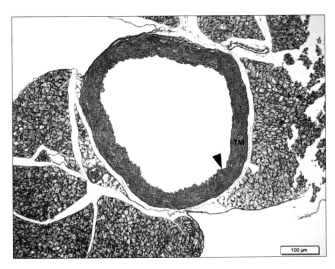

H.E. 100×

TI：内膜（黑箭头）；

TM：中膜；

TE：外膜（白箭头）；

高倍镜观察：

内弹性膜（internal elastic lamina，IEL）：1~2 层与纵行胶原纤维和少量平滑肌纤维构成内膜的内皮下层。

外弹性膜（external elastic lamina，EEL）：与结缔组织共同构成外膜。

弹性膜（elastic membrane，EM）：由于切片制作过程中的收缩作用，弹性膜呈波浪状。各层弹性膜由弹性纤维相连，弹性膜之间还有环形的平滑肌纤维和胶原纤维。

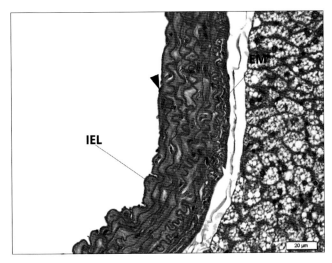

H.E. 400×

E：上皮（黑箭头）；

IEL：内弹性膜；

EEL：外弹性膜（白箭头）；

EM：弹性膜

三、被皮系统

1. 皮肤

低倍镜观察：

真皮层（dermis，D）：真皮层位于表皮层下方，分为乳头层和网织层，二者之间无明显界限。

皮下组织（hypoderm，H）：真皮下方为皮下组织，由疏松结缔组织和脂肪组织构成。

皮脂腺（sebaceous gland，SG）：可见泡状的皮脂腺在毛囊周围，分泌部由一个或几个囊状的腺泡构成。

表皮层（epidermis，E）：表皮是皮肤的浅层，由角化的复层扁平上皮构成，表皮细胞包括角质形成细胞和非角质形成细胞，前者占表皮细胞的绝大多数，后者散于前者之间。由于 HE 染色的限制，黑色素细胞、朗汉斯细胞与角质细胞不易分辨。表皮的非角质形成细胞包括黑色素细胞、朗汉斯细胞等。黑色素细胞分散在基底细胞之间，在切片上难以与基底细胞相分辨。胞体呈圆形，核深染而胞质透明，其突起无法辨认。朗汉斯细胞散于棘层深部，切片上呈圆形，核深染，胞质清亮，与周围的棘细胞在 HE 切片上难以分辨。

毛囊（hair follicle，HF）：为包在毛根外的结构，分为两层，内层为上皮性鞘，包裹毛根，与表皮相连续，结构与表皮类似；外层为结缔组织性鞘，由致密结缔组织构成。

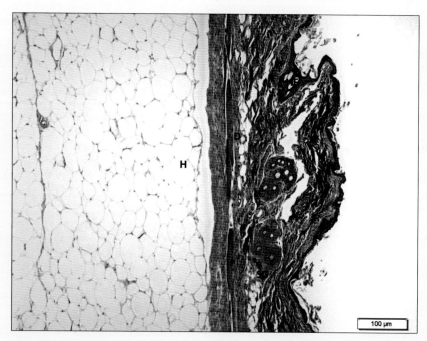

H.E. 100×

E：表皮层；D：真皮层；H：皮下组织；HF：毛囊；SG：皮脂腺

高倍镜观察：

长爪沙鼠的皮肤较薄，难以区别表皮层的各层结构。

皮脂腺（sebaceous gland，SG）：可见泡状的皮脂腺在毛囊周围，分泌部由一个或几个囊状的腺泡构成，周边部分为干细胞，细胞胞体较小。腺泡中心细胞较大，胞质内充满脂滴，呈多边形，核固缩。

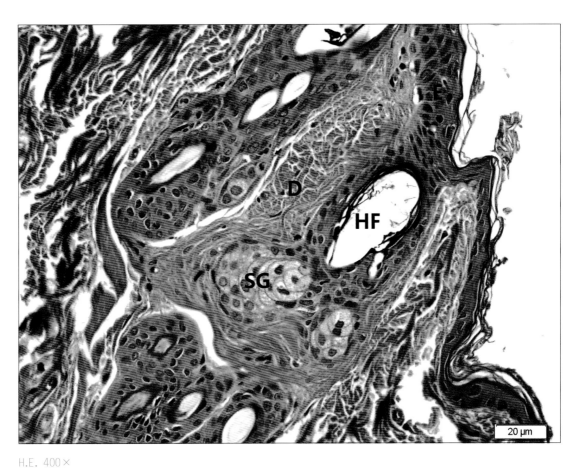

H.E. 400×

E：表皮层；D：真皮层；HF：毛囊；SG：皮脂腺

四、免疫系统

1. 胸腺

低倍镜观察：

长爪沙鼠胸腺从 3 月龄开始出现退化，淋巴组织逐渐减少，胸腺分叶不明显。小叶周边着色较深，呈蓝紫色的为皮质（cortex，C），中央着色浅的为髓质（medulla，M）。

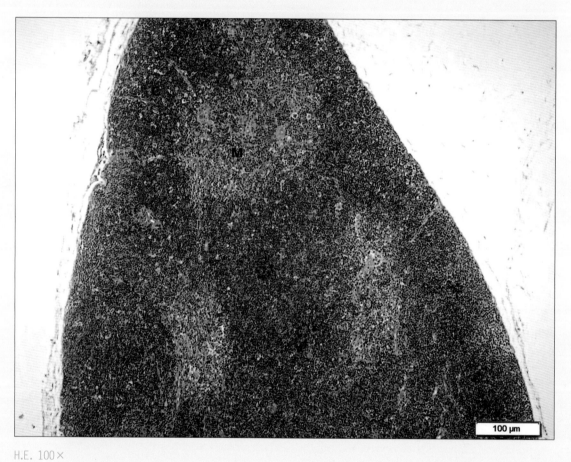

H.E. 100×

C：皮质；M：髓质

高倍镜观察：

（1）皮质：胸腺皮质以上皮性网状细胞为支架，间隙内含有大量胸腺细胞和少量巨噬细胞。

上皮性网状细胞（epithelial reticular cell，ERC）：分布于被膜下和胸腺细胞之间，细胞多呈星形，胞核较大，卵圆形，浅染。参与形成血 – 胸腺屏障。

胸腺细胞（thymocyte，T）：位于皮质间隙，皮质浅层多为大中型淋巴细胞，皮质深层多为小型淋巴细胞。细胞非常密集，故皮质着色深。

巨噬细胞（macrophage，M）：散布于皮质之间，胞质内常有吞噬的胸腺细胞碎片。

（2）髓质：胸腺髓质的细胞组成与皮质相似，但上皮性网状细胞较多，胸腺细胞较稀疏，巨噬细胞较少。

胸腺小体（thymic corpuscle，TC）：是胸腺髓质的特征性结构，体积较大，嗜酸性着色。由扁平的上皮性网状细胞排列而成，形成同心圆结构，中心部位常见核固缩或消失、角质化等现象。

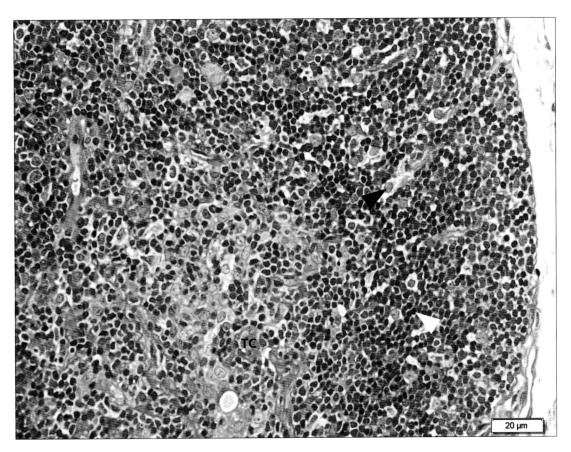

H.E. 400×

ERC：上皮性网状细胞（黑箭头）；T：胸腺细胞（白箭头）；TC：胸腺小体

2. 脾

低倍镜观察：

脾（spleen）是体内最大的淋巴器官，其结构与淋巴结有众多相似之处，由淋巴组织构成。脾脏外周为较厚的被膜（capsule，C），被膜结缔组织伸入脾内形成许多分支的小梁（trabecula，T），相互连接构成脾的粗支架，长爪沙鼠的脾小梁较其他鼠类细、少。脾脏无皮质和髓质之分，脾实质分为白髓（white pulp，WP）、边缘区（marginal zone，MZ）和红髓（red pulp，RP）。

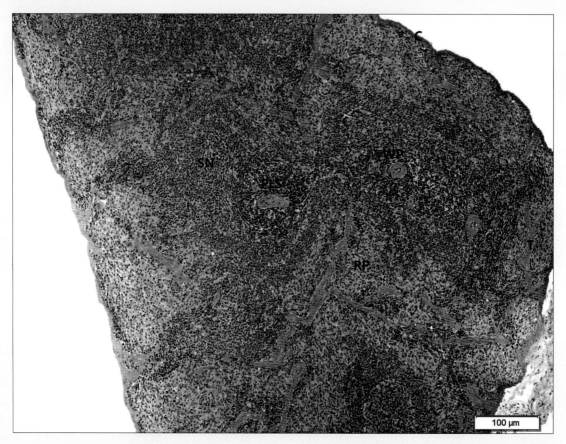

H.E. 100×

C：被膜；T：小梁；WP：白髓；RP：红髓；SN：脾小结；PLS：动脉周围淋巴鞘

高倍镜观察：

（1）被膜（capsule，C）和小梁（trabecula，T）：脾脏的被膜较厚，表面覆有间皮；小梁之间填充有网状组织，构成脾的多孔隙海绵状的细微结构。脾的被膜和小梁内有数量不等的平滑肌纤维，小梁内有发达的小梁动脉、静脉。

（2）白髓（white pulp，WP）：由密集的淋巴组织环绕动脉而成，包括脾小结和动脉淋巴鞘。

动脉周围淋巴鞘（periarterial lymphatic sheath，PLS）：是围绕在中央动脉（central artery，CA）周围的厚层弥散淋巴组织，由大量胞质较小、胞核深蓝染的 T 细胞，少量体积较大的巨噬细胞和交错突细胞等构成。

脾小结（splenic nodule，SN）：亦称脾小体（splenic corpuscle），即淋巴小结，位于动脉周围淋巴鞘的一侧，主要由 B 细胞构成，染色较浅，明区、暗区和小结帽结构不清晰。

（3）边缘区（marginal zone，MZ）：位于白髓和红髓之间，含排列较疏松的淋巴细胞、巨噬细胞、血细胞和少量浆细胞。

（4）红髓（red pulp，RP）：占脾实质的大部分，包括脾索和脾血窦。

脾索（splenic cord，SC）：为富含血细胞的淋巴索，相互连接成网，其间分布有 T 细胞、B 细胞、浆细胞、巨噬细胞、朗汉斯细胞（Langhans cells，L）和其他血细胞。较其他鼠类相比，脾索较粗、厚实。

脾血窦（splenic sinusoid，SS）：简称脾窦，窦壁由一层不连续的长杆状的内皮细胞平行排列而成，窦内红细胞较少，可清晰看到网状细胞、巨噬细胞和浆细胞。

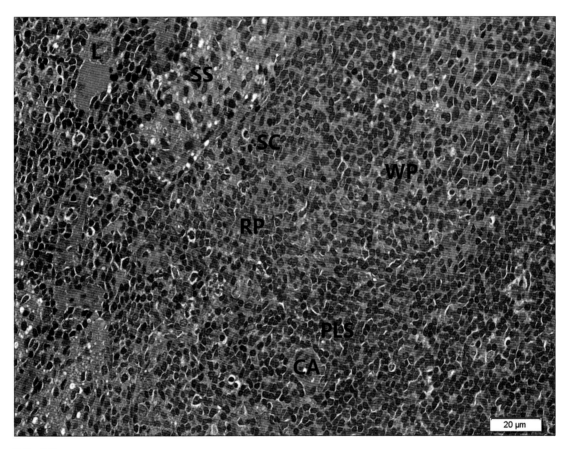

H.E. 400×

WP：红髓；RP：白髓；CA：中央动脉；PLS：动脉周围淋巴鞘

SC：脾索；SS：脾窦；L：朗汉斯细胞

3. 肠系膜淋巴结

低倍镜观察：

（1）被膜（capsule, C）：由薄层结缔组织构成，位于淋巴结表面。被膜和门部的结缔组织伸入淋巴结实质形成相互连接的小梁，构成淋巴结的粗支架。

（2）皮质：被膜下深蓝染的部分，由淋巴小结、副皮质区和皮质淋巴窦构成。

淋巴小结（lymphatic nodule, LN）：位于皮质浅层，呈圆形或椭圆形。由于淋巴细胞密集，淋巴小结呈深蓝染。

副皮质区（paracortical area, PA）：位于淋巴小结和皮质深层的弥散淋巴组织，为 T 淋巴细胞主要存在的部位。

皮质淋巴窦（cortical sinus, CS）：位于被膜下方和与其连通的小梁周围的淋巴窦，分别为被膜下窦和小梁周窦。

（3）髓质：位于中央部分，染色较浅，由髓索和髓窦构成。

髓索（medullary cord, MC）：相互连接的条索状致密淋巴组织，主要含 B 淋巴细胞、浆细胞和巨噬细胞。

髓窦（medullary sinus, MS）：位于髓索或髓索与小梁之间，为皮质淋巴窦的延续，并与输出淋巴窦相通。结构与皮质淋巴窦相同，但腔隙较宽。

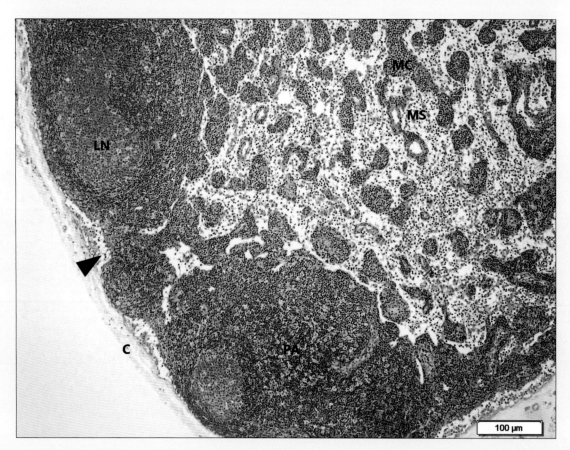

H.E. 100×

C：被膜；CS：皮质淋巴窦（黑箭头）；LN：淋巴小结；PA：副皮质区；MC：髓索；MS：髓窦

高倍镜观察：

皮质淋巴窦的窦壁由扁平的内皮细胞（endothelial cell，EC）构成，窦内由上皮性网状细胞（epithelial reticular cell，ERC）形成网状结构，可见大量淋巴细胞（lympho-cyte，LC）和细胞体积较大的巨噬细胞（macrophage，Mp）。

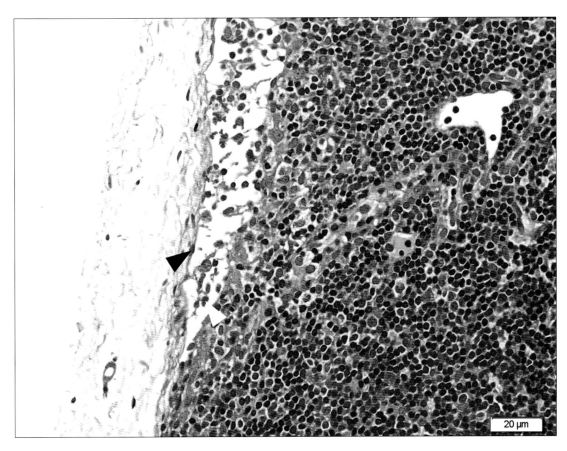

H.E. 400×

EC：内皮细胞（黑箭头）；ERC：上皮性网状细胞（白箭头）

4. 下颌淋巴结

低倍镜观察：

（1）被膜和小梁：被膜（capsule，C）由薄层结缔组织构成，位于淋巴结表面。被膜和门部的结缔组织伸入淋巴结实质形成相互连接的小梁，构成淋巴结的粗支架。

（2）皮质：被膜下深蓝染的部分，由淋巴小结、副皮质区和皮质淋巴窦构成。

淋巴小结（lymphatic nodule，LN）：位于皮质浅层，呈圆形或椭圆形。由于淋巴细胞密集，淋巴小结呈深蓝染。

副皮质区（paracortical area，PA）：位于淋巴小结和皮质深层的弥散淋巴组织，为T淋巴细胞主要存在的部位。

皮质淋巴窦（cortical sinus，CS）：位于被膜下方和与其连通的小梁周围的淋巴窦，分别为被膜下窦和小梁周窦。

（3）髓质：位于中央部分，染色较浅，由髓索和髓窦构成。

髓索（medullary cord，MC）：相互连接的条索状致密淋巴组织，主要含B淋巴细胞、浆细胞和巨噬细胞。

髓窦（medullary sinus，MS）：位于髓索或髓索与小梁之间，为皮质淋巴窦的延续，并与输出淋巴窦相通。结构与皮质淋巴窦相同，但腔隙较宽。

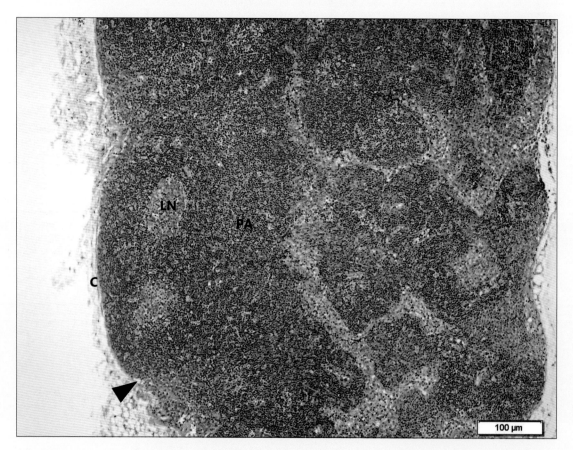

H.E. 100×

C：被膜；CS：皮质淋巴窦（黑箭头）；LN：淋巴小结；PA：副皮质区

高倍镜观察：

近髓质的副皮质区，可见毛细血管后微静脉（postcapillary venule，PV），其管壁内皮细胞呈立方形。

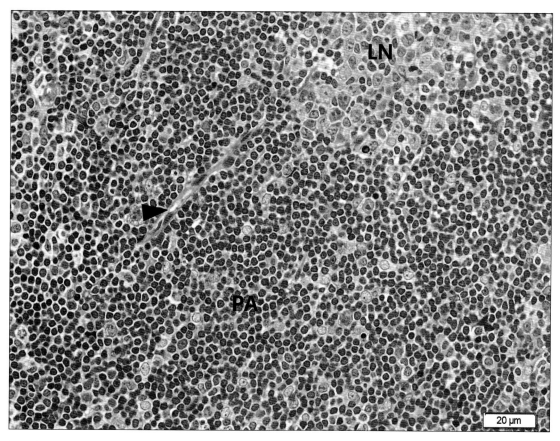

H.E. 400×

PV：毛细血管后微静脉（黑箭头）；LN：淋巴小结；PA：副皮质区

5. 哈德氏腺

低倍镜观察:

薄层的结缔组织将腺体分割形成多个小叶(lobule,L),每个小叶内可见到大量的排列紧密的多边形腺泡(acinus,A),腺的间质较少,腺泡为纯浆液性。

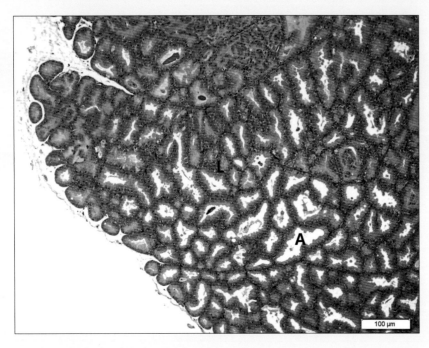

H.E. 100×

L:小叶;

A:腺泡

高倍镜观察:

腺上皮为柱状上皮细胞(columnar cell,CC),细胞界限清晰,胞核大而圆,位于细胞基部,细胞顶部的细胞质内可见圆形的脂质分泌颗粒。腺泡腔(lumen,Lu)不规则。

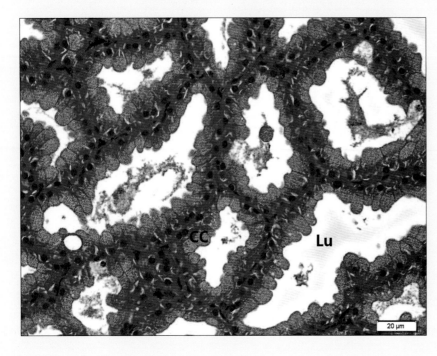

H.E. 400×

CC:柱状上皮细胞;

Lu:腺泡腔

五、内分泌系统

1. 垂体

低倍镜观察：

垂体表面围绕一层结缔组织被膜，实质着色较深的部分为远侧部（pars distalis，PD），着色浅的部分为垂体神经部（neurohypophysis，NH），垂体远侧部与神经部之间的细长条区域为中间部（pars intermedia，PI）。

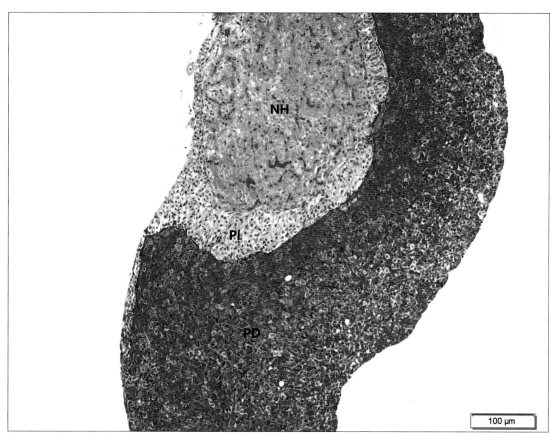

H.E. 100×

PD：远侧部；NH：神经部；PI：中间部

高倍镜观察：

（1）远侧部：为垂体最主要的部分。内分泌细胞排列成团块状或索状，根据细胞质 HE 染色的深浅可分为嗜酸性细胞、嗜碱性细胞和嫌色细胞三种类型。

嗜酸性细胞（acidophils，Ac）：数量较多，呈圆形或多边形，胞质嗜酸性。

嗜碱性细胞（basophils，Ba）：数量较嗜酸性细胞少，细胞呈椭圆形或多边形，大小不等，胞核较大而染色较浅，胞质嗜碱性。

嫌色细胞（chromophobe，Ch）：数量最多，细胞体积小，胞质染色较浅，细胞轮廓不清晰。嫌色细胞有的属于未分化细胞，有的是嫌色细胞的脱颗粒细胞，有的具有突起。

（2）中间部：位于远侧部与神经部之间的长条状部分。主要是由体积较小细胞围成的大小不等的滤泡，内含有胶质。该区域还散在一些嗜碱性细胞和嫌色细胞。

（3）垂体神经部：由无髓神经纤维、散在的神经胶质细胞和毛细血管等成分组成。神经部的垂体细胞（pituicyte，PC）染色比较深，细胞界限清晰，细胞质内可见脂滴和色素颗粒物质。神经部还可见赫林体（Herring body），大小不等，呈嗜酸性团块状。

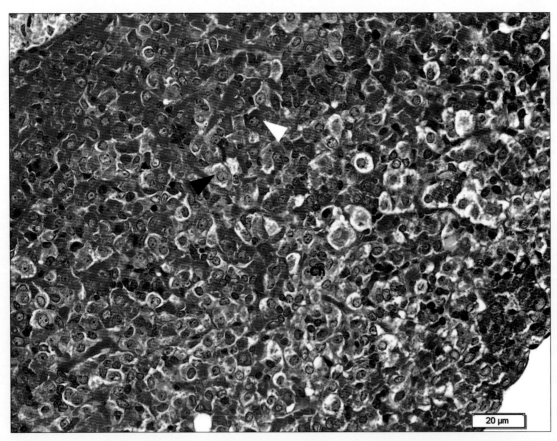

H.E. 400×

Ba：嗜碱性细胞（黑箭头）；Ac：嗜酸性细胞（白箭头）；Ch：嫌色细胞

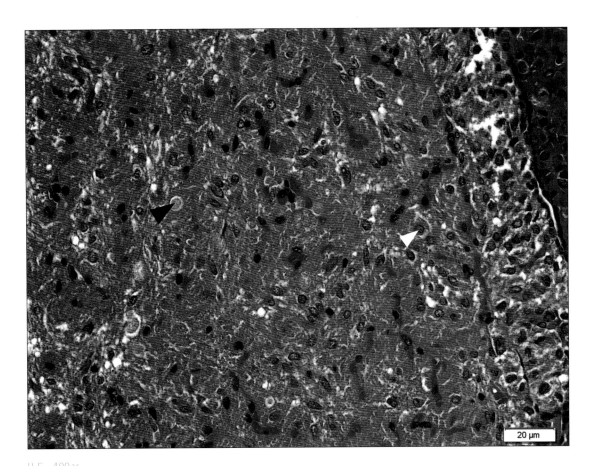

H.E. 400×

PC：垂体细胞（白箭头）；He：赫林体（黑箭头）

2. 肾上腺

低倍镜观察：

肾上腺外包裹一层结缔组织被膜（capsule，C），实质分为皮质（cortex，Co）和髓质（medulla，M）。皮质位于腺体的外围，占腺体的较大部分，并完全包围髓质。皮质可分为三层同心圆状排列的结构：最外层的弓形带（zona arcuate，ZA），中间的束状带（zona fasciculata，ZF），最内层的网状带（zona reticularis，ZR）。髓质被网状带包裹，髓质内有一个中央静脉（central vein，CV），若干大静脉和血窦。

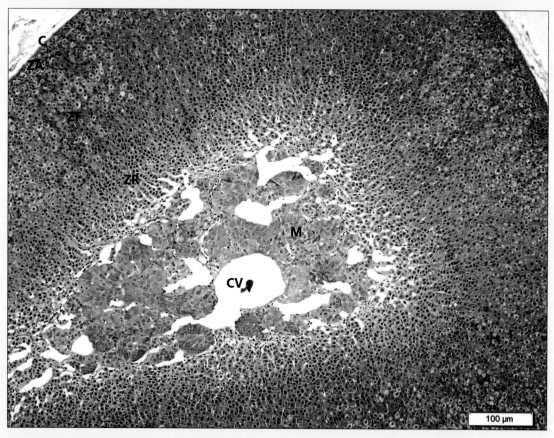

H.E. 100×

C：被膜；M：髓质；ZA：弓形带；ZF：束状带；ZR：网状带；CV：中央静脉

高倍镜观察：

（1）皮质（cortex，Co）：根据细胞的排列方式，由外向内依次分三个带。

弓形带（zona arcuate，ZA）：位于被膜下方，较薄，该区域的细胞呈高柱状，细胞核呈圆形或卵圆形，细胞质染色较浅，排列成弓形。

束状带（zona fasciculata，ZF）：皮质中最厚的部分，细胞排列呈索状，细胞呈多边形，体积较弓形带的细胞大，细胞界限明显。细胞核呈圆形或椭圆形，位于中央。细胞质染色浅，呈圆形。间质中血管丰富。

网状带（zona reticularis，ZR）：位于皮质最内层，与髓质连接，细胞排列不规则，细胞索互相吻合，间质内含有窦状毛细血管（sinusoidal capillary，SC）。网状带的细胞体积较小，细胞核深染，细胞质呈弱嗜酸性。

（2）髓质（medulla，M）

细胞排列成不规则的索状，细胞间有许多血窦，间质中可见由扁平内皮细胞围成的大静脉（big veins，BV）。肾上腺髓质细胞为嗜铬细胞（chromaffin cell，ChC），体积较大，呈圆形或多边形，胞质着色浅，胞核圆形，有一个较大的核仁。这些嗜铬细胞形成圆形或椭圆形的细胞团，呈团状排列。

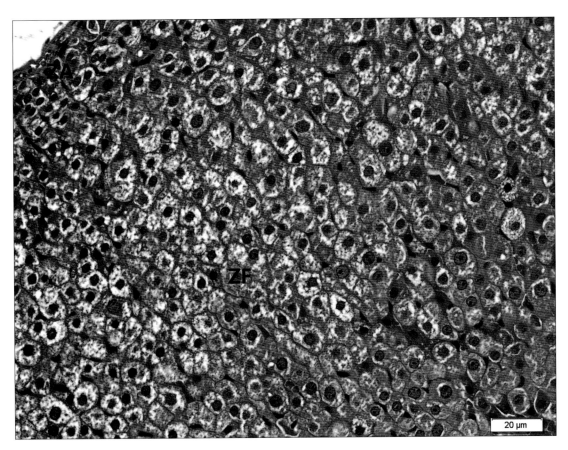

H.E. 400×

ZA：弓形带；ZF：束状带

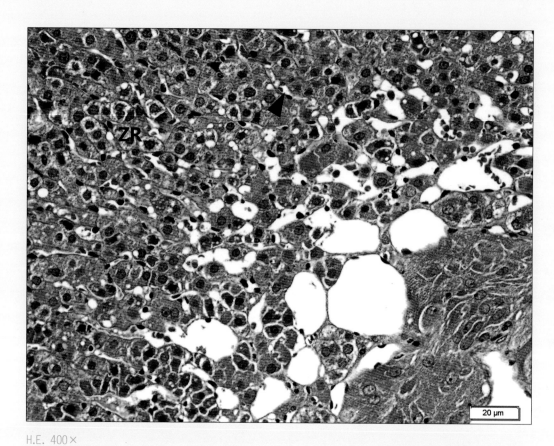

H.E. 400×

ZR：网状带；SC：窦状毛细血管（黑箭头）

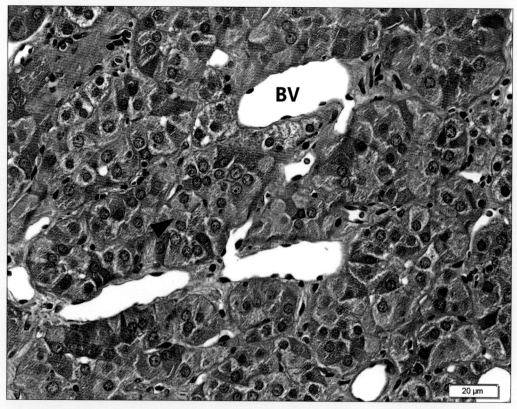

H.E. 400×

ChC：嗜铬细胞（黑箭头）；BV：大静脉

3. 甲状腺和甲状旁腺

低倍镜观察：

甲状腺表面覆盖有一层薄的结缔组织被膜，其纤细的结缔组织小梁把实质分为许多小叶，每一小叶由数量不等、大小不一的滤泡（follicle，F）和存在于滤泡间的滤泡旁细胞（parafollicular cell，PF）组成，滤泡内充满胶质。甲状腺附近可见甲状旁腺（parathyroid gland，PG），呈透明的小岛样结构，细胞排列成团块状或条索状。

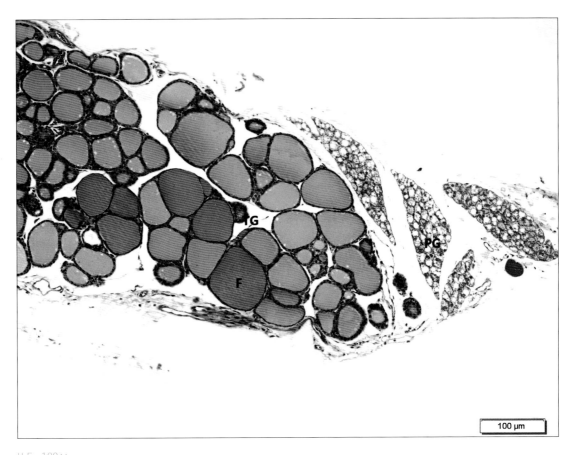

100 μm

H.E. 100×

F：滤泡；TG：甲状腺；PG：甲状旁腺

高倍镜观察：

甲状腺的滤泡大小不一，被纤细的结缔组织分开。滤泡由单层立方的滤泡细胞（follicular cell，FC）围成，滤泡内充满胶质。上皮细胞和胶质的形态与滤泡的活动状态有关。当滤泡处于静止期，细胞呈扁立方状，胶质边缘较光滑；当滤泡处于活动期，细胞呈立方状或柱状，胶质边缘出现空泡。

滤泡旁细胞位于滤泡之间或者滤泡上皮细胞之间，单个或成群分布。滤泡旁细胞体积较大，细胞质染色较滤泡细胞浅，细胞核也较大较淡。

甲状旁腺的实质由主细胞（chief cell，CC）和嗜酸性细胞（oxyphil cell，OC）构成。主细胞呈椭圆形或多边形，细胞核体积较小，呈椭圆形或梭形，细胞质均匀透明。嗜酸性细胞的细胞核体积较大，呈圆形，染色较淡。

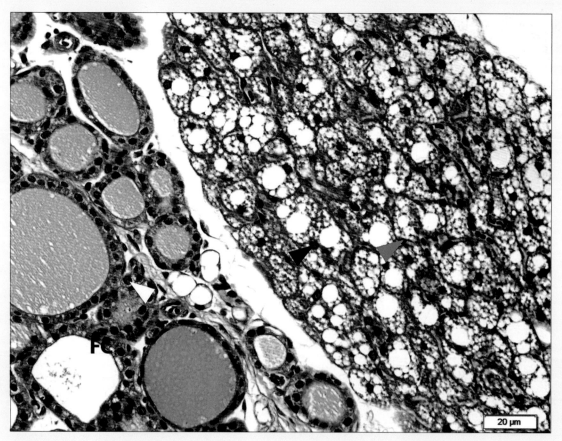

H.E. 400×

FC：滤泡细胞；PF：滤泡旁细胞（白箭头）；CC：主细胞（灰箭头）；OC：嗜酸性细胞（黑箭头）

六、消化系统

1. 舌

低倍镜观察：

舌由表面的黏膜（mucosa，M）和深部的舌肌组成。舌肌由纵行、横行及垂直走向的骨骼肌纤维束交织构成，黏膜由复层扁平上皮与固有层（lamina propria，LP）组成。

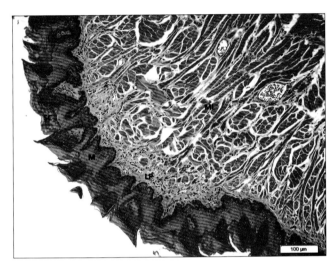

H.E. 100×

M: 黏膜；

ML: 肌层；

SC: 角化层；

LP: 固有层

高倍镜观察：

丝状乳头（filiform papilla，FP）数量最多，遍布于舌背。乳头呈圆锥形，尖端略向咽部倾斜，浅层上皮细胞角化。

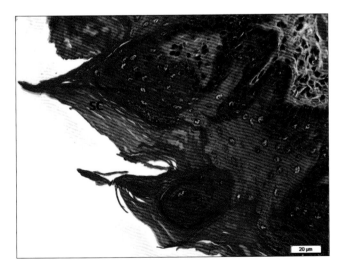

H.E. 400×

SC: 角化层；

P: 乳头

2. 食道

低倍镜观察：

可见食道黏膜层（mucosa，M）、黏膜下层（submucosa，Sm）、肌层（muscular layer，ML）和外膜（serosa，S），食道腔内有数个由黏膜和部分黏膜下层共同形成的皱襞。

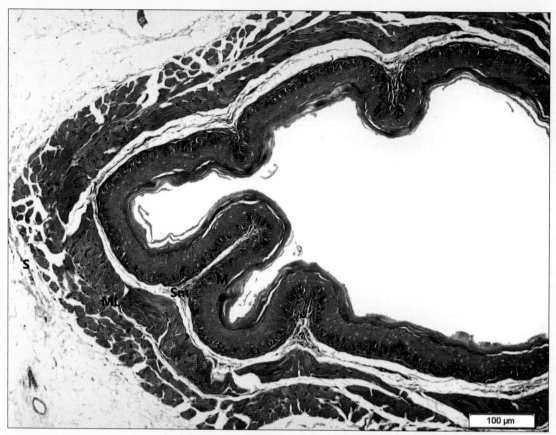

H.E. 100×

M: 黏膜；Sm: 黏膜下层；ML: 肌层；S: 外膜

高倍镜观察：

食道的黏膜层包括黏膜上皮、固有层和黏膜肌层。

（1）黏膜上皮（epithelium mucosae，EM）：复层扁平上皮，上皮出现明显角化。

（2）固有层（lamina propria，LP）：疏松结缔组织。

（3）黏膜肌层（muscularis mucosa，MM）：散在的纵行平滑肌束，嗜酸性着色。

黏膜下层（submucosa，Sm）：疏松结缔组织。

肌层（muscular layer，ML）：分为内环行与外纵行两层，其间有时可见斜行。

外膜（ectoblast，E）或**浆膜**（serosa，S）：食道的颈段为结缔组织构成的外膜，之后为浆膜，即外膜被覆一层间皮。

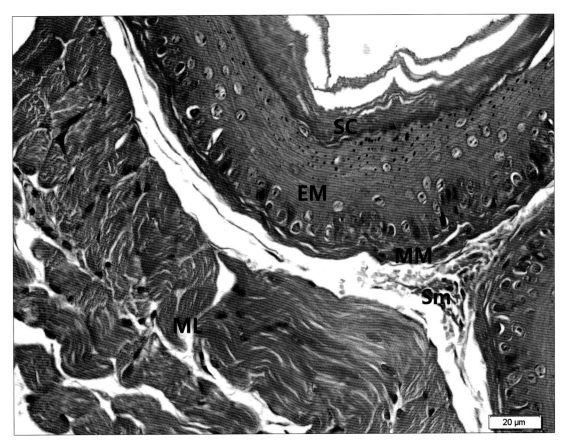

H.E. 400×

EM：黏膜上皮；MM：黏膜肌层；Sm：黏膜下层；ML：肌层；SC：角化层

3. 胃

（1）胃皮质

低倍镜观察：

可见胃皮质具有完整四层结构，包括黏膜层（mucosa，M）、黏膜下层（submucosa，Sm）、肌层（muscular layer，ML）和外膜（serosa，S）。其中黏膜层包括黏膜上皮、固有层和黏膜肌层，皮质部黏膜上皮呈现角质化；黏膜下层为疏松结缔组织；肌层分两层，分别为内层环肌和外层纵肌；外膜为单层扁平上皮。

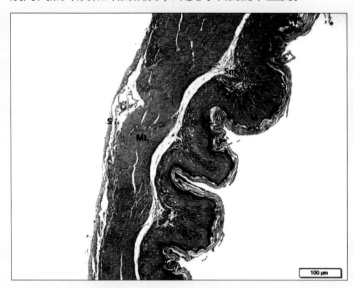

H.E. 100×

M: 黏膜层；

Sm: 黏膜下层；

ML: 肌层；

S: 外膜

高倍镜观察：

胃皮质黏膜分为黏膜上皮、固有层和黏膜肌层。

黏膜上皮（epithelium mucosae，EM）：复层扁平上皮，且上皮已发生角化。

固有层（lamina propria，LP）：疏松结缔组织，可见成纤维细胞，淋巴细胞。

黏膜肌层（muscularis mucosa，MM）：散在的平滑肌束。

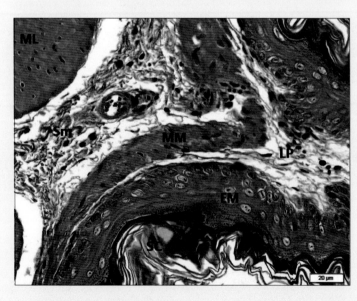

H.E. 400×

EM: 黏膜上皮；

LP: 固有层；

MM: 黏膜肌层；

Sm: 黏膜下层；

ML: 肌层；

SC: 角化层

（2）胃腺部

低倍镜观察：

可见胃腺部具有完整四层结构，包括黏膜层（mucosa，M）、黏膜下层（submucosa，Sm）、肌层（muscular layer，ML）和外膜（serosa，S）。黏膜层较厚，黏膜表面有凹陷，称胃小凹（gastric pit，GP）；黏膜下层为疏松结缔组织。

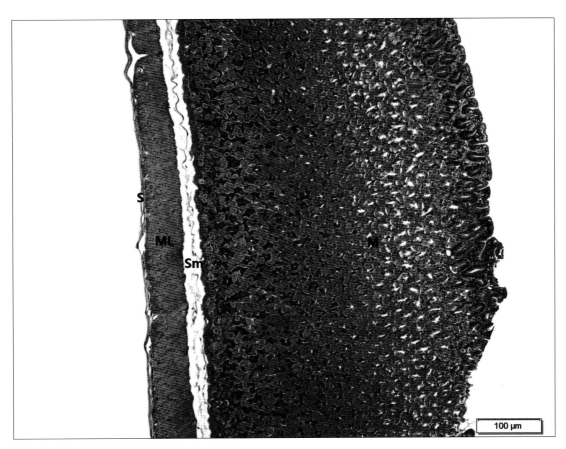

H.E. 100×

M: 黏膜层；Sm: 黏膜下层；ML: 肌层；S: 外膜

高倍镜观察：

可见胃腺部黏膜分为黏膜上皮、固有层和黏膜肌层。

黏膜上皮（epithelium mucosae，EM）：单层柱状上皮，顶部胞质充满黏原颗粒，在HE染色切片上着色浅淡至透明。上皮下陷形成短而宽的腔隙即胃小凹。

固有层（lamina propria，LP）：很厚，内有大量密集排列的胃底腺（fundic gland，FG）。

黏膜肌层（muscularis mucosa，MM）：薄层平滑肌。

主细胞（chief cell，CC）：呈柱状或锥体形，核圆形，位于细胞基部。胞质基部呈嗜碱性着色，顶部充满酶原颗粒，在制片时，酶原颗粒多溶解，使该部呈泡沫状。

壁细胞（parietal cell，PC）：细胞体积较大，呈圆形，核圆而深染，胞质强嗜酸性着色。

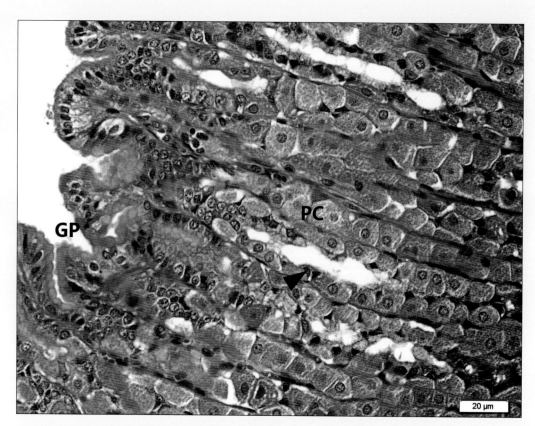

H.E. 400×

GP: 胃小凹；CC: 主细胞（黑箭头）；PC:壁细胞

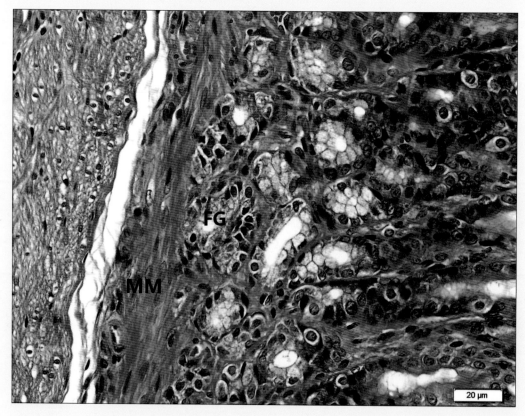

H.E. 400×

FG: 胃底腺；MM: 黏膜肌层

4. 小肠

（1）十二指肠

低倍镜观察：

十二指肠（duodenum, D）具有四层结构，包括黏膜层（mucosa, M）、黏膜下层（submucosa, Sm）、肌层（tunicae muscularis, TM）、浆膜层（serosa, S）。

黏膜层中黏膜上皮和固有层（lamina propria, LP）向肠腔（lumen, L）内突起形成肠绒毛（villi, V），十二指肠肠绒毛在小肠中最长。杯状细胞（goblet cell, GC）分散在柱状细胞（columnar cell, Cc）间，从十二指肠到空肠逐渐增多。黏膜上皮向下凹陷形成的管状腔为肠腺（intestinal gland, IG），又称为肠隐窝。黏膜下层为疏松结缔组织（connective tissue, CT），内含丰富的毛细血管（blood vessels, BV）和黏膜下神经丛中的神经元，还有黏膜肌层（muscularis mucosae, MM）。肌层分为内层环肌（inner circular muscle, IC）和外层纵肌（outer longitudinal muscle, OL）；浆膜层为单层扁平上皮。环行皱襞（plicae circulares, PCi）是黏膜和部分黏膜下层向肠腔内隆起形成的。

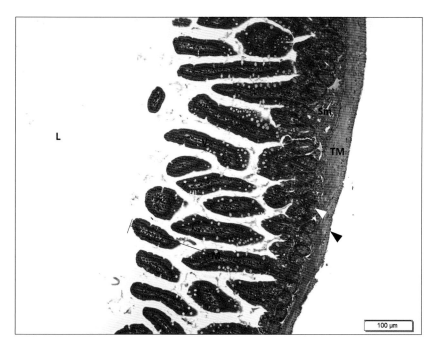

H.E. 100×

L：肠腔；

V：肠绒毛；

IG：肠腺（白箭头）；

Sm：黏膜下层；

TM：肌层；

M：黏膜层；

S：浆膜（黑箭头）

高倍镜观察：

肠绒毛由单层柱状上皮和中间的固有层构成，单层柱状上皮主要由柱状细胞、杯状细胞等构成，细胞带有刷状缘（brush border, BB），其固有层中有一条以盲端起始的纵行毛细淋巴管，为中央乳糜管（central lacteal, CI），通常这些管道是塌陷的，还有淋巴细胞（lymphoid cell, LC）、平滑肌细胞、巨噬细胞和纤维细胞等细胞成分。杯状细胞为胞质透亮、饱满的椭圆形或球形细胞。潘氏细胞（Paneth cell, Pc）位于肠腺底部，通常多个聚集，胞体较大，呈锥形，胞质顶端有粗大的嗜酸性颗粒。黏膜肌层很薄，由1~2层扁平细胞构成。

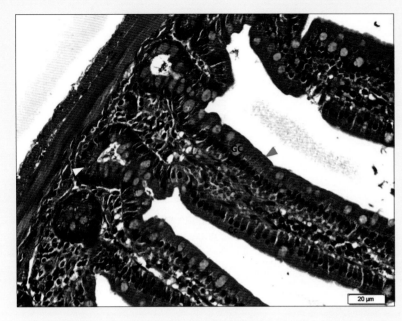

H.E. 400×

C1：中央乳糜管（黑箭头）；

Pc：潘氏细胞（白箭头）；

LP：固有层；

GC：杯状细胞；

Cc：柱状细胞；

BB：刷状缘（灰箭头）

（2）空肠

低倍镜观察：

空肠（jejunum，J）具有四层结构，包括黏膜层（mucosa，M）、黏膜下层（sub-mucosa，Sm）、肌层（tunicae muscularis，TM）、浆膜层（serosa，Se）。黏膜层中黏膜上皮和固有层（lamina propria，LP）向肠腔（lumen，L）内隆起的指状突起为肠绒毛（villi，V）。在黏膜层中可见大量透亮、圆形的杯状细胞（goblet cell，GC）增多，固有层中偶见孤立的淋巴小结。黏膜下层中嗜碱性深染的呈管状结构的为肠腺（intestinal gland，IG），又称为肠隐窝，固有层中也可见内含红细胞的血管。肌层分为内环、外纵两层。

H.E. 100×

V：肠绒毛；

TM：肌层（白箭头）；

S：浆膜（黑箭头）

高倍镜观察：

肠绒毛主要由胞质丰富、嗜酸性的柱状细胞（columnar cell，Cc）组成，游离端为粉染的刷状缘（brush border，BB），其间有杯状细胞，结缔组织中含有核嗜碱性深染的淋巴细胞（lymphoid cell，LC）及核呈梭形的细胞。在有嗜碱性蓝染、核圆形、胞浆较少的肠腺细胞间可见三五成群的潘氏细胞（Paneth cell，Pc），其胞质间有嗜酸性粉染的颗粒状物质。内环肌由核呈长杆状或梭形的平滑肌细胞构成，外纵肌则呈现为细胞核和细胞形态均不一致的结构。浆膜由一层扁平细胞构成。

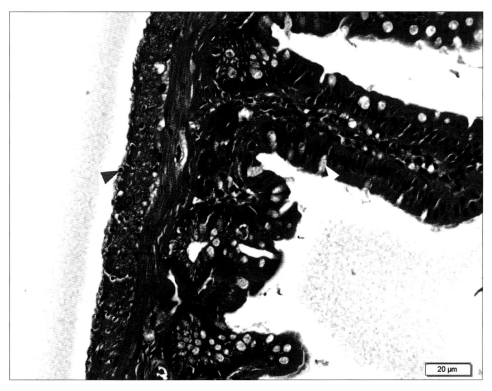

H.E. 400×

Pc：潘氏细胞（黑箭头）；MM：黏膜肌层；GC：杯状细胞（白箭头）；

Cc：柱状细胞；IG：肠腺；IC：内环肌；OL：外纵肌；S：浆膜（灰箭头）

（3）回肠

低倍镜观察：

回肠（ileum，I）具有四层结构，包括黏膜层（mucosa，M）、黏膜下层（submucosa，Sm）、肌层（tunicae muscularis，TM）、浆膜层（serosa，S）。黏膜层中黏膜上皮和固有层（lamina propria，LP）向肠腔内隆起的指状突起为肠绒毛（villi，V）。在黏膜层中可见大量透亮、圆形的杯状细胞（goblet cell，GC）增多，比十二指肠及空肠都多，固有层中可见派尔集合淋巴结（Peyer's patch，PP），黏膜下层中嗜碱性深染的呈管状结构的为肠腺（intestinal gland，IG），固有层中也可见内含红细胞的血管。肌层分为内环肌（inner circular muscle，IC）和外纵肌（outer longitudinal muscle，OL）。

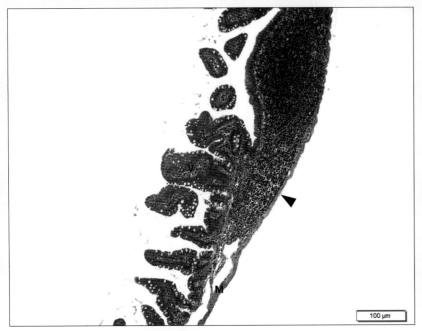

H.E. 100×

V：肠绒毛；

PP：派尔集合淋巴结；

M：黏膜层；

S：浆膜（黑箭头）

高倍镜观察：

肠绒毛主要由胞质丰富、嗜酸性的柱状细胞（columnar cell，Cc）组成，细胞游离端为粉染的刷状缘（brush border，BB），其间有杯状细胞，结缔组织（connective tissue，CT）中含有核嗜碱性深染的淋巴细胞（lymphoid cell，LC）及核呈梭形的细胞。在由嗜碱性蓝染、核圆形、胞浆较少的肠腺细胞间可见三五成群的潘氏细胞（Paneth cell，Pc），其胞质间有嗜酸性粉染的颗粒状物质。内环肌由核呈长杆状或梭形的平滑肌细胞构成，外纵肌则呈现为细胞核和细胞形态均不一致的结构。浆膜由一层扁平细胞构成。

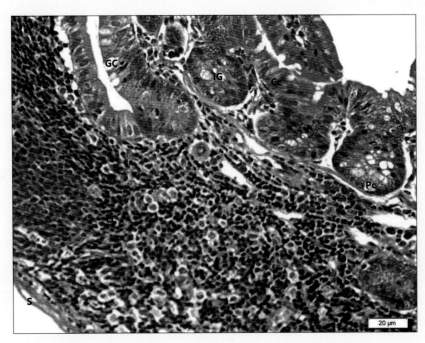

H.E. 400×

LC：淋巴细胞；

Pc：潘氏细胞；

GC：杯状细胞；

Cc：柱状细胞；

IG：肠腺；

S：浆膜

5. 大肠

（1）盲肠

低倍镜观察：

可见盲肠有完整的四层结构，从管腔到管壁向内依次为黏膜层（mucosa，M）、黏膜下层（submucosa，Sm）、肌层（tunica muscularis，TM）、浆膜层（serosa，S）。黏膜层由黏膜上皮（epithelium mucosae，EM）、固有层（lamina propria，LP）、肠腺（intestinal gland，IG）和黏膜下肌层组成。黏膜下层为疏松结缔组织，黏膜肌层分为内层环肌，外层纵肌。

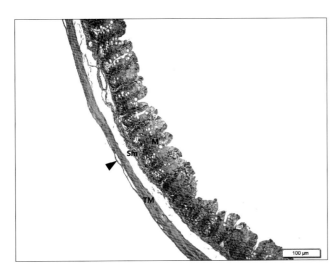

H.E. 100×

M：黏膜；

Sm：黏膜下层；

TM：肌层；

S：浆膜层（黑箭头）

高倍镜观察：

可见黏膜上皮为柱状上皮，细胞呈长方形，核呈椭圆形，盲肠黏膜上皮细胞和肠腺上皮细胞间含有大量的杯状细胞（goblet cell，GC），呈圆形或卵圆形，细胞核常呈三角形或椭圆形，胞质呈空泡状，内有嗜酸性分泌物。固有层内可见淋巴小结（lymphoid nodule，LN），盲肠肠腺发达。浆膜层（serosa，S）为单层扁平上皮。

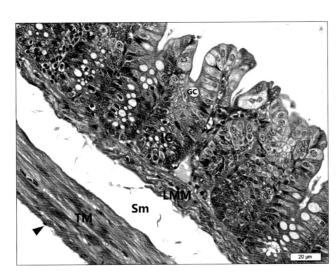

H.E. 400×

Sm：黏膜下层；

IG：肠腺；

LMM：黏膜下肌层；

GC：杯状细胞；

TM：肌层；

S：浆膜层（黑箭头）

（2）结肠

低倍镜观察：

可见结肠具有完整的四层结构，包括黏膜层（M）、黏膜下层（Sm）、肌层（TM）、浆膜层（Se）。其中黏膜层由黏膜上皮（EM）、固有层（LP）、肠腺（IG）和黏膜下肌层（LMM）组成。黏膜下层是疏松结缔组织，部分黏膜下层作为中轴和黏膜共同突入肠腔内形成皱襞（MF）。黏膜肌层较厚，分为内层环肌、外层纵肌。浆膜层为单层扁平上皮。

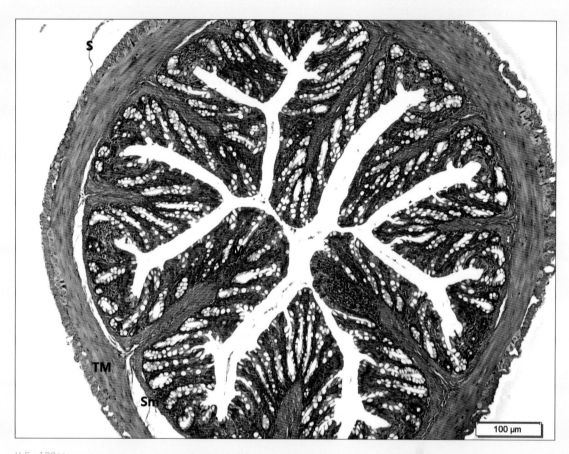

H.E. 100×

M：黏膜层；TM：黏膜肌层；S：浆膜层

高倍镜观察：

可见结肠黏膜上皮是柱状上皮，细胞呈长方形，核呈椭圆形，黏膜上皮细胞和肠腺上皮细胞间含有大量的杯状细胞，呈圆形或卵圆形，核常呈三角形或椭圆形，胞质呈空泡状，内有嗜酸性分泌物。结肠腺体发达，腺上皮细胞界限不明显，核呈椭圆形。黏膜下肌层为薄层平滑肌。浆膜层为单层扁平上皮。

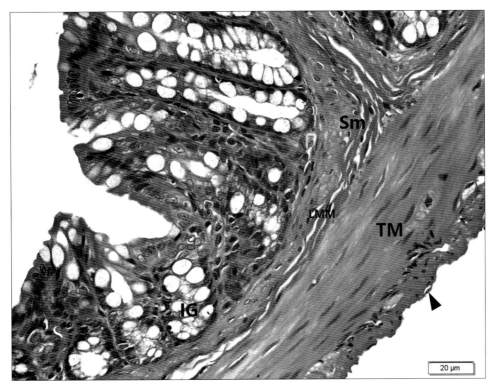

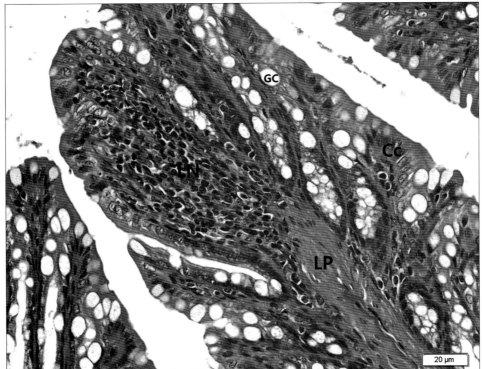

H.E. 400×

LP：固有层；LN：淋巴结；GC：杯状细胞；Sm：黏膜下层；TM：黏膜肌层；

LMM：黏膜下肌层；IG：肠腺；S：浆膜层（黑箭头）；Cc：柱状细胞

6. 舌下腺

低倍镜观察：

舌下腺为混合性腺，但是以黏液腺泡（mucous acinus，MA）和混合腺泡（mixed acinus，MiA）为主，其外层有结缔组织被膜，结缔组织深入腺实质将腺体分为若干小叶，小叶内有许多腺泡和数量较多的导管（duct，D），也可见到伴行的血管（blood vessel，B），小叶间结缔组织内有一些大导管。

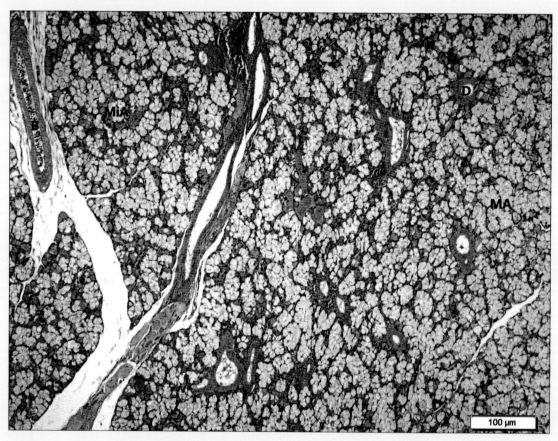

H.E. 100×

MA：黏液腺泡；MiA：混合腺泡；D：导管；B：血管

高倍镜观察：

（1）腺泡（acinus）：呈泡状或管泡状，由单层立方或锥形腺细胞组成，为腺的分泌部。在腺细胞与基底膜之间有扁平多突起的肌上皮细胞（myoepithelial cell，MC）。腺泡根据腺细胞分泌物性质的不同而形态各异，一般可分为浆液、黏液和混合三种类型。

浆液腺泡（serous acinus，SA）：完全由呈锥形的浆液腺细胞构成，胞核圆形，位于细胞基底部，基底部胞质呈强嗜碱性着色，顶部胞质内含有嗜酸性较强的分泌颗粒，称为酶原颗粒（zymogen granule）。

黏液腺泡（mucous acinus，MA）：完全由黏液腺细胞构成，胞核扁平，位于细胞基底部，嗜碱性深染，顶部胞质含有黏蛋白颗粒，除在核周围的少量胞质呈嗜碱性着色外，大部分胞质几乎不着色，呈泡沫或空泡状。

混合腺泡（mixed acinus，MiA）：由浆液腺细胞和黏液腺细胞共同构成。大部分混合腺泡主要由黏液腺细胞组成，几个浆液腺细胞排列成半月形帽状结构附着在腺泡的底部或末端，故称为浆半月（serous demilune，SD）。

（2）纹状管（striated duct，S）：又称分泌管（secretory duct），管壁为单层柱状上皮，细胞基部有纵纹，胞核圆形，细胞质嗜酸性着色。

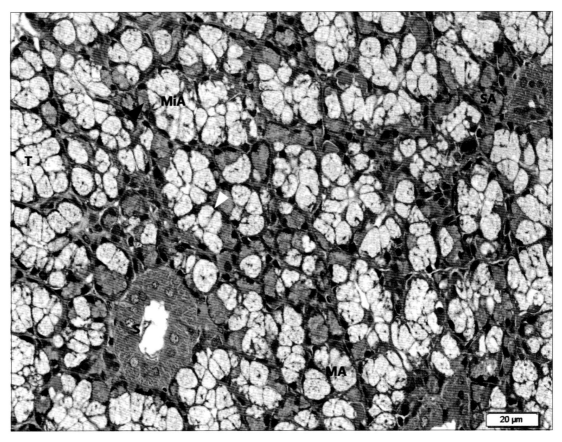

H.E. 400×

T：管状黏液单位；MC：肌上皮细胞（白箭头）；MA：黏液腺泡；SA：浆液腺泡；

SD：浆半月（黑箭头）；MiA：混合性腺泡；S：纹状管

比较组织学：啮齿动物多为纯黏液腺，完全由黏液腺细胞构成，胞核扁平，位于细胞基底部，嗜碱性深染，顶部胞质含有黏蛋白颗粒，除在核周围的少量胞质呈嗜碱性着色外，大部分胞质几乎不着色，呈泡沫或空泡状。而长爪沙鼠呈混合腺表现，由浆液腺细胞和黏液腺细胞共同构成。大部分混合腺泡主要由黏液腺细胞组成，几个浆液腺细胞排列成半月形帽状结构附着在腺泡的底部或末端，形成浆半月。

7. 腮腺

低倍镜观察：

腮腺为纯浆液性腺，外包结缔组织被膜，结缔组织深入腺实质将腺体分为若干小叶，小叶之间的结缔组织称为小叶间结缔组织（interlobular connective tissue，ICT）。小叶内有许多腺泡和数量较多的导管（duct，D），也可见到伴行的小血管（blood vessel，B）。

H.E. 100×

ICT：小叶间结缔组织；D：导管；B：血管（黑箭头）

高倍镜观察：

腺泡由腺上皮围成，在腺细胞的基底面外侧由扁平多突起的肌上皮细胞（myoepithelial cell，MC）包裹。

浆液腺泡（serous acinus，SA）：完全由呈锥形的浆液细胞构成，胞核圆形，位于细胞基底部，基底部胞质呈强嗜碱性着色，在顶部胞质内含有嗜酸性较强的分泌颗粒，称为酶原颗粒（zymogen granule）。

闰管（intercalated duct，I）：是导管的起始，直接与腺泡相连，管径小，管壁为单层扁平或单层立方上皮。

纹状管（striated duct，S）：又称分泌管（secretory duct），与闰管相连，管壁为单层柱状上皮，细胞基部有纵纹，胞核圆形，胞细胞质嗜酸性着色。

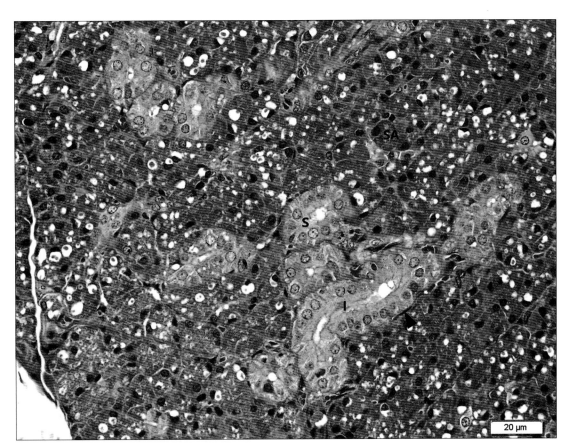

H.E. 400×

S：纹状管；SA：浆液腺泡；MC：肌上皮细胞（黑箭头）；I：闰管

8. 颌下腺

低倍镜观察：

颌下腺（submandibular gland）为复管泡状腺，由浆液细胞（serous cell，SC）和黏液细胞（mucous cell，MC）共同构成。外被结缔组织被膜（capsule，C），结缔组织深入腺实质将腺体分成若干小叶。小叶内有许多腺泡和少量导管，小叶间结缔组织内有一些大导管。

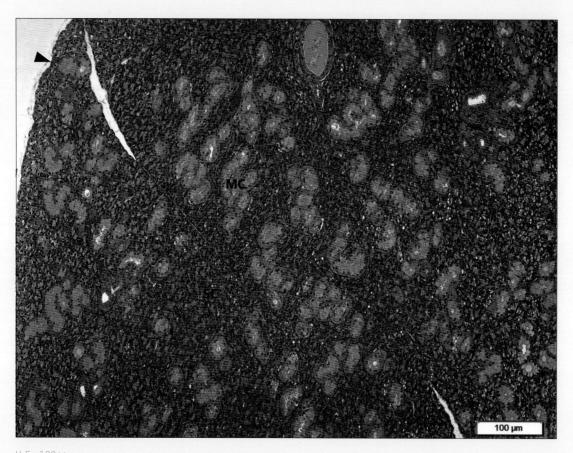

H.E. 100×

C：被膜（黑箭头）；SC：浆液细胞；MC：黏液细胞

高倍镜观察：

腺泡由腺上皮围成，在腺细胞的基底面外侧由扁平的肌上皮细胞（myoepithelial cell，MC）包裹。黏液细胞在靠近闰管侧围成腺泡，在腺泡的盲端有数个浆液性细胞围成半月状结构，称浆半月（serous demilune，SD）。导管主要包括小叶内的闰管和纹状管以及小叶间结缔组织内的小叶间导管。闰管（intercalated duct，I）为导管的起始，直接与腺泡相连，管径小，管壁为单层扁平或单层立方上皮；纹状管（striated duct，S）与闰管相连，管壁为单层柱状上皮，细胞基部有纵纹，胞核圆形，胞质嗜酸性；小叶间导管（interlobular duct，ILD）管腔较大，管壁为单层柱状上皮。

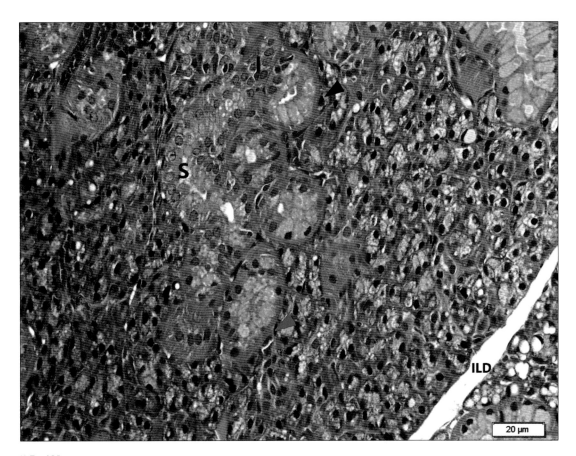

H.E. 400×

MC：肌上皮细胞（灰箭头）；SD：浆半月（黑箭头）；I：闰管；S：纹状管；ILD：小叶间导管

　　比较组织学：啮齿动物多为纯浆液腺，完全由呈锥形的浆液细胞构成，胞核圆形，位于细胞基底部，基底部胞质呈强嗜碱性着色，顶部胞质内含有嗜酸性较强的酶原颗粒。而长爪沙鼠呈混合腺表现，由浆液腺细胞和黏液腺细胞共同构成。大部分混合腺泡主要由黏液腺细胞组成，几个浆液腺细胞排列成半月形帽状结构附着在腺泡的底部或末端，形成浆半月。

9. 肝脏

低倍镜观察：

肝小叶（hepatic lobule，HL）：肝表面被覆结缔组织被膜，结缔组织深入实质将其分为若干多边形的肝小叶。长爪沙鼠小叶间结缔组织较少，肝小叶分叶不明显。

中央静脉（central vein，CV）：位于肝小叶中心，其管壁为单层扁平细胞。

门管区（portal area，PA）：相邻肝小叶之间呈三角形的结缔组织区域。

肝索（hepatic cord，HC）：以中央静脉为中心呈放射状排列的条索状结构。

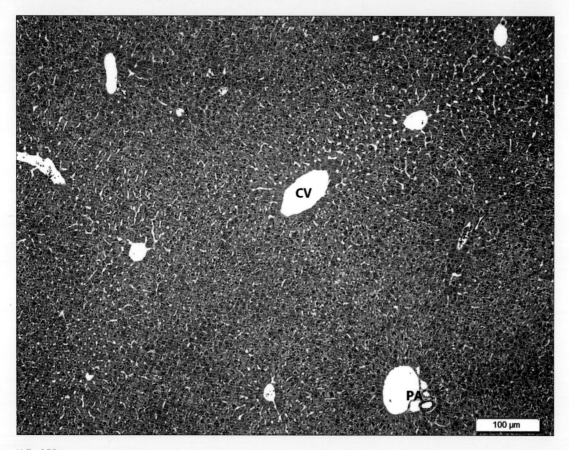

H.E. 100×

CV：中央静脉；PA：门管区

高倍镜观察：

相邻肝小叶之间呈三角形的结缔组织区域为门管区（portal area，PA），门管区结缔组织可见三种伴行的管道：小叶间静脉（interlobular vein，IV）、小叶间动脉（interlobular artery，IA）和小叶间胆管（interlobular bile duct，IBD）。小叶间胆管管壁为单层立方上皮，细胞排列整齐，细胞质染色较浅，细胞核呈圆形。肝细胞呈多角形或不规则形，细胞核较大，细胞质含量丰富，其内含有较多脂质空泡。

肝血窦（hepatic sinusoid，HS）：肝索间不规则腔隙。

狄氏隙（disse space，DS）：内皮细胞和肝索之间的狭小空隙。

枯否氏细胞（Kupffer cell，KC）：在肝血窦内可见一些体积较大、形状不规则的星形细胞，胞质突起连于窦壁，胞核圆形，染色较浅。

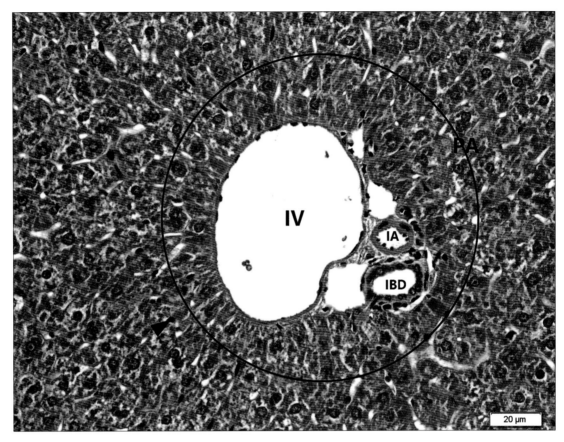

H.E. 400×

PA：门管区；IV：小叶间静脉；KC：枯否氏细胞（黑箭头）；IA：小叶间动脉；IBD：小叶间胆管

比较组织学：大小鼠肝细胞排列呈明显的肝索结构，肝细胞细胞质染色均一，肝细胞内空泡较少见。而长爪沙鼠肝细胞内脂类物质含量高，肝细胞呈多角形或不规则形，细胞核较大，细胞质含量丰富，其内含有较多脂质空泡。肝血窦较狭窄，肝索结构不明显。

10. 胆

胆囊（gallbladder）囊壁各层由内向外依次是黏膜层、固有层、肌层、浆膜。胆囊黏膜上皮由单层柱状上皮细胞（simple columnar epithelium，SCE）组成，黏膜有许多皱襞（fold，F），皱襞间有黏膜上皮深入至固有层（lamina propria，LP），甚至肌层（tunica muscularis，TM）。

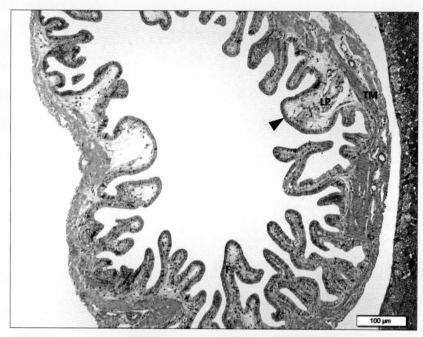

H.E. 100×

TM：肌层；

LP：固有层；

SCE：单层柱状上皮

（黑箭头）；

F：皱襞

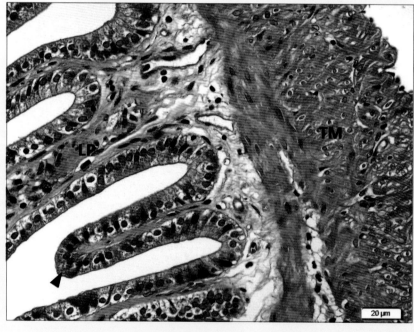

H.E. 400×

TM：肌层；

LP：固有层；

SCE：单层柱状上皮

（黑箭头）

比较组织学：大鼠无胆囊结构。而长爪沙鼠具有完整的胆囊，囊壁各层由内向外依次是黏膜层、固有层、肌层、浆膜。长爪沙鼠的胆囊黏膜上皮由单层柱状上皮细胞组成，黏膜有许多皱襞，皱襞间有黏膜上皮向固有层，甚至肌层凹陷。

11. 胰腺

低倍镜观察：

胰腺（pancreas）表面被覆薄层结缔组织被膜（capsule，C），结缔组织（connective tissue，CT）伸入实质将腺体分成若干小叶，腺小叶内可见小叶内导管（intralobular duct，ID），小叶间结缔组织内可见小叶间导管（interlobular duct，ILD）和管腔很大的主胰管。胰腺实质由外分泌部和内分泌部两部分构成。内分泌部分布于腺泡之间，着色较浅，排列疏松，细胞间有丰富的毛细血管，又称胰岛（pancreatic islet，PI）。

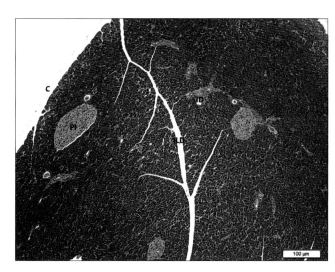

H.E. 100×

C：被膜；

ID：小叶内导管；

ILD：小叶间导管；

PI：胰岛

高倍镜观察：

外分泌部为复管泡状腺，由浆液腺泡构成，胰腺泡（pancreas acini，PA）由锥形细胞围成，锥形细胞细胞核圆形位于中央，核上区含嗜酸性染色的分泌颗粒，核下区富含粗面内质网和游离核糖体而呈嗜碱性染色。腺泡中央有时可见胞核扁圆、胞质淡染的细胞，即泡心细胞（centroacinar cell，CC），是闰管伸入腺泡内的部分。

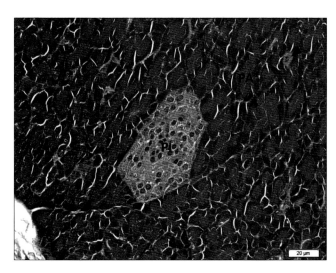

H.E. 400×

PA：胰腺泡；

CC：泡心细胞（黑箭头）；

PI：胰岛

七、呼吸系统

1. 气管

低倍镜观察:

气管(trachea)管壁由内向外依次分为黏膜(mucosa, M)、黏膜下层(submucosa, Sm)和外膜(adventitia, A)。黏膜由黏膜上皮和固有层组成。黏膜上皮为假复层纤毛柱状上皮(epithelium, E),固有层(lamina propria, LP)为富含弹性纤维的结缔组织,相对较薄。黏膜下层(submucosa, SM)相对较厚,由疏松结缔组织组成,与固有层和外膜无明显界限。外膜由致密结缔组织组成,较厚,含C形透明软骨环(C-rings, CR),软骨环的缺口处可见平滑肌束,C形透明软骨环的软骨膜(perichondrium, Pc)与黏膜下结缔组织相融合。

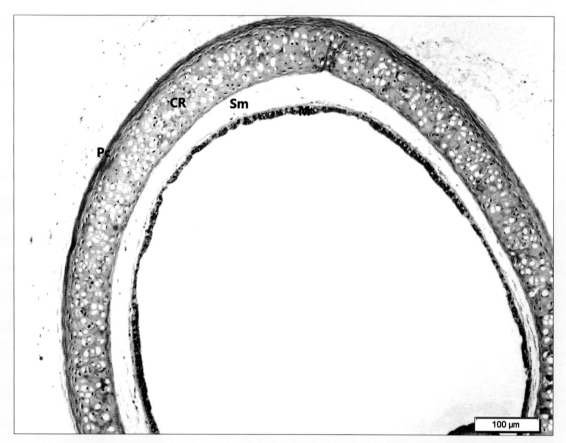

H.E. 100×

M:黏膜层;Sm:黏膜下层;CR:C形透明软骨环;Pc:软骨膜

高倍镜观察：

黏膜上皮为假复层纤毛柱状上皮（epithelium，E），由纤毛柱状细胞（ciliated epithelia，CE）、杯状细胞（goblet cell，GC）、基细胞（basal cell）、刷细胞（brush cell）和小颗粒细胞（small granule cell）组成。

固有层（lamina propria，LP）：由疏松结缔组织构成，与上皮细胞之间有明显的基膜，内含较多的弹性纤维，弥散性淋巴组织、浆细胞等。

黏膜下层（submucosa，SM）：疏松结缔组织，与固有层和外膜无明显分界，内有较多混合腺。

外膜由 C 形透明软骨环和纤维性结缔组织构成，软骨环为支架结构，软骨之间以环状韧带相连接，在软骨环缺口处有富含弹性纤维的结缔组织相连，内含平滑肌束。

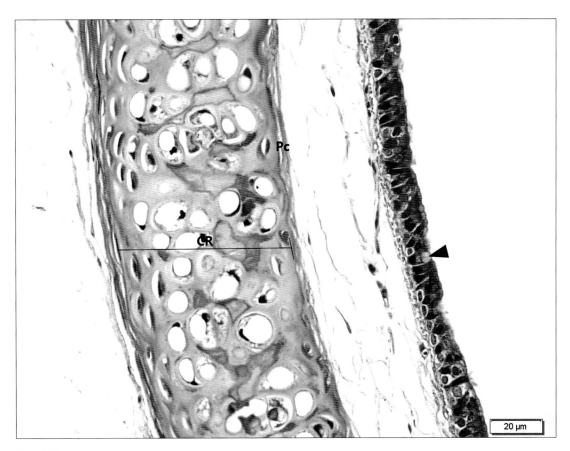

H.E. 400×

E：上皮；GC：杯状细胞（黑箭头）；Pc：软骨膜；CR：C 形透明软骨环

2. 肺

低倍镜观察：

肺（lung）表面被覆浆膜，亦称肺胸膜。肺组织分为实质和间质两部分，实质即肺内支气管的各级分支及大量终末肺泡，间质为分布于实质之间的结缔组织、血管、神经和淋巴管等。每个细支气管及其所属的分支和肺泡构成一个肺小叶。肺小叶是肺的结构单位，呈锥形体形或不规则多边形。

（1）支气管（bronchus）：管腔较大，黏膜逐渐形成明显的皱襞，黏膜上皮为假复层纤毛柱状上皮，固有层下出现不连续的平滑肌束，黏膜下层中的腺体逐渐减少，外膜中的C形软骨环逐渐变为短小的软骨片，着色也变浅。

（2）细支气管（bronchiole）：黏膜皱襞发达，紧密排列。黏膜上皮为单层纤毛柱状上皮，杯状细胞极少，平滑肌增厚并形成完整的一层，软骨片逐渐消失。

（3）呼吸性细支气管（respiratory bronchiole，RB）：壁上出现少量肺泡开口，管壁上皮起始端为单层纤毛柱状上皮。

（4）终末细支气管（terminal bronchiole，TB）：黏膜皱襞消失，黏膜上皮为单层纤毛柱状上皮，肌层薄。

（5）肺泡管（alveolar duct，AD）：管壁上许多肺泡，自身的管壁结构很少，在切片上呈现为一系列相邻肺泡开口之间的结节状膨大。膨大表面被覆单层扁平上皮，薄层结缔组织内含弹性纤维和平滑肌。

（6）肺泡囊（alveolar sac，AS）：是由几个肺泡围成的具有共同开口的囊状结构，相邻肺泡开口之间无平滑肌，故无结节状膨大。

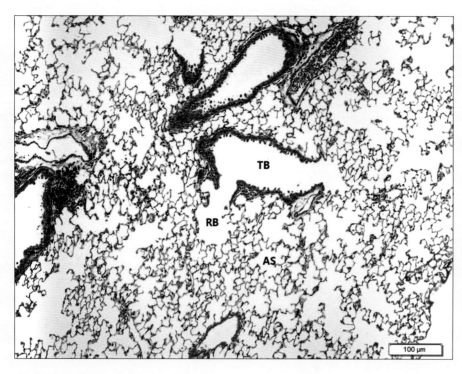

H.E. 100×

RB：呼吸性细支气管；

TB：终末细支气管；

AS：肺泡囊

高倍镜观察：

肺泡（pulmonary alveolus）：为半球形或多面形囊泡，开口于呼吸性细支气管、肺泡管或肺泡囊。肺泡壁很薄，由单层肺泡上皮细胞组成。相邻肺泡之间的组织称肺泡隔（alveolar septum）。肺泡上皮由Ⅰ型肺泡细胞和Ⅱ型肺泡细胞组成。

Ⅰ型肺泡细胞（type Ⅰ alveolar cell，Ⅰ）：数量多，细胞很薄，只有核的部分稍厚。

Ⅱ型肺泡细胞（type Ⅱ alveolar cell，Ⅱ）：细胞较小，呈圆形或立方形，散在凸起于Ⅰ型肺泡细胞之间。胞核圆形，胞质着色浅，成泡沫状。

肺泡隔内含密集的连续毛细血管和丰富的弹性纤维。肺泡隔内或肺泡腔内可见体积大，胞质内常含吞噬颗粒的细胞，即肺巨噬细胞（pulmonary macrophage），或称尘细胞（dust cell，DC）。

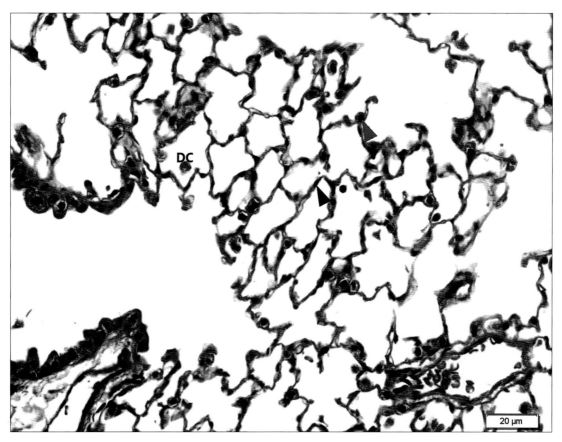

H.E. 400×

Ⅰ：Ⅰ型肺泡细胞（黑箭头）；Ⅱ：Ⅱ型肺泡细胞（灰箭头）；DC：尘细胞

八、泌尿系统

1. 肾

低倍镜观察：

肾脏分为皮质和髓质。肾脏的皮质包括肾小体、肾小管。肾小体由血管球和肾小囊组成，肾小囊壁层与脏层之间的间隙称为肾小囊腔。肾小管分为近端小管和远端小管。髓质位于皮质内侧，内无肾小体，着色浅，髓质内呈放射状的条纹伸入皮质构成髓放线（medullary ray，MR），被分隔开的皮质部分成为皮质迷路（cortical labyrinth，CL）。

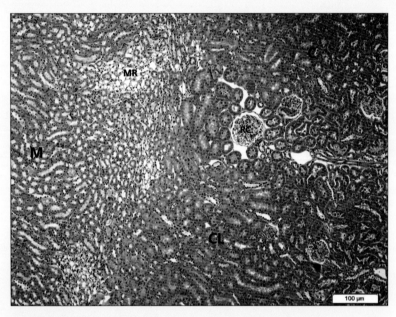

H.E. 100×

M：皮质；C：髓质；RC：肾小体；MR：髓放线；CL：皮质迷路

高倍镜观察：

肾小体（renal corpuscle，RC）：呈球形，由血管球和肾小囊组成，肾小体有两个极，与血管球相连，微动脉出入的一端称血管极（vascular pole，VP），对侧与近端小管曲部相连的一端称尿极（urinary pole，UP）。

血管球（glomus，G）：肾小囊中的一团蟠曲的毛细血管。

肾小囊（renal capsule，RC）：肾小管起始部膨大凹陷而成的杯状双层囊。壁层（parietal layer，PL）在肾小体的尿极处与近端小管曲部上皮相连续，在血管极处反折为肾小囊脏层，由足细胞（podocyte，P）构成。壁层与脏层之间的狭窄腔隙为肾小囊腔（capsular space，CS）。

近曲小管（proximal convoluted tubule，PCT）：蟠曲于肾小管周围，与肾小囊壁层相连。管径较粗，管腔较小而不规则。

远曲小管（distal convoluted tubule，DCT）：管径较细，管腔较大而规则。

致密斑（macula densa，MD）：远曲小管靠近肾小体血管极一侧的上皮细胞增高，变窄，排列紧密，形成椭圆形斑。

细段（thin segment，TS）：管径较细，管腔偏狭。

集合管（collecting tube，CT）：集合管从髓放线伸向肾乳头，管径由小到大。

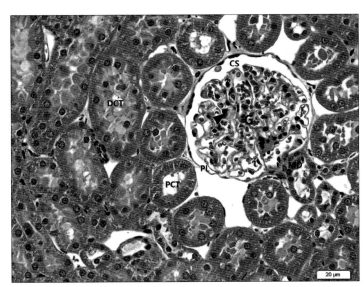

H.E. 400×

G：血管球；

MD：致密斑；

P：足细胞（黑箭头）；

CS：肾小囊腔；

PL：壁层；

PCT：近曲小管；

DCT：远曲小管

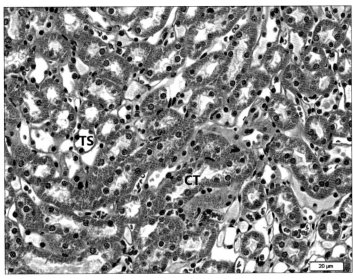

H.E. 400×

TS：细段；

CT：集合管

比较组织学：从解剖学上看，与大小鼠相比，长爪沙鼠的髓袢比大鼠的长，大鼠的肾中70%的肾单位的髓袢都很短，仅延伸到髓质内带和外带的分界线，而长爪沙鼠髓袢的粗段在髓质外带边界线高度发达，一直延伸到皮质层，能够更高效地浓缩尿液。除此之外长爪沙鼠的远曲小管数量多，遍布在整个皮质层。

2. 膀胱

低倍镜观察：

基本组织结构由黏膜层（mucosa，M）、肌层（tunica muscularis，TM）和浆膜（serosa，S）组成。黏膜层向膀胱内凸起形成皱襞，当膀胱充盈时皱襞展开。

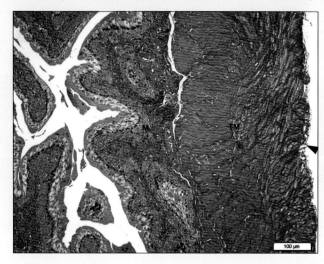

H.E. 100×

M：黏膜层；

TM：肌层；

S：浆膜（黑箭头）

高倍镜观察：

变移上皮（transitional epithelium，TE）：膀胱膜上皮为变移上皮，厚薄由尿液充盈程度决定，在空虚时很厚，变移上皮胞体大，胞浆着色浅，核大，呈椭圆形或梭形，染色较浅；底层的细胞为幼稚的储备细胞，细胞质较少，细胞核呈圆形或椭圆形，染色较深。

固有层（lamina propria，LP）：上皮下的结缔组织，包含有血管和神经。

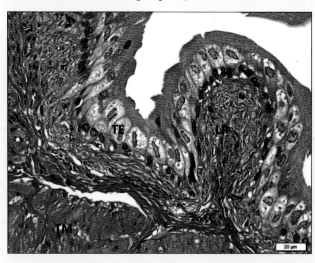

H.E. 400×

TE：变移上皮；

LP：固有层；

TM：肌层

比较组织学：大小鼠的膀胱上皮为变移上皮，上皮细胞呈多层，形态较为统一。当膀胱充盈时，复层的变移上皮延展，呈单层。而长爪沙鼠变移上皮呈双层，外侧细胞较大，胞浆着色浅，核大，呈椭圆形或梭形，染色较浅；底层的细胞为幼稚的储备细胞，细胞质较少，细胞核呈圆形或椭圆形，染色较深。

九、雄性生殖系统

1. 睾丸

低倍镜观察：

睾丸外侧覆有一层浆膜，浆膜下方结缔组织称为白膜。睾丸被结缔组织分隔成睾丸小叶，每个小叶内含多个生精小管（seminiferous tubule，ST），生精小管间散在间质细胞和血管。

白膜（tunica albuginea，TA）：致密结缔组织构成睾丸被膜。

睾丸小叶（lobule，Lo）：白膜深入睾丸内部形成结缔组织纵膈，称为睾丸纵膈，睾丸纵膈呈放射状排列将睾丸分割成不同小叶。

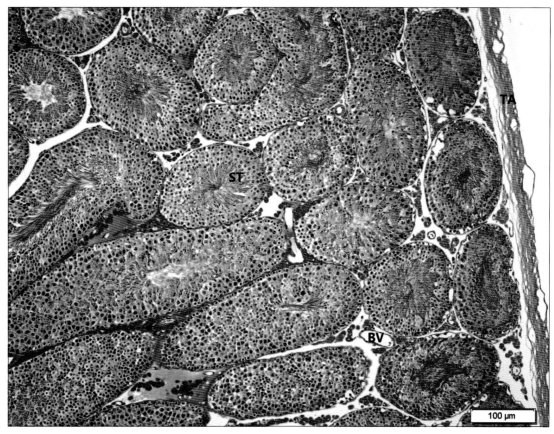

H.E. 100×

TA：白膜；ST：生精小管；BV：血管

高倍镜观察：

生精小管由生精上皮和精子细胞构成，其中生精上皮为一组具有生精能力的细胞和支持细胞构成的复层上皮，由外至内依次为肌样细胞、薄层基膜，紧贴基膜的为精原细胞、初级精母细胞、次级精母细胞、早期精子细胞和晚期精子细胞，依次向内排列。生精小管呈圆形或椭圆形相邻排列，生精小管间散布大量间质细胞、血管、淋巴管和结缔组织。

间质细胞（interstitial cell of leydig，IC）：细胞体积大，呈圆形或不规则状，胞质强嗜酸性红染，胞核呈圆形或卵型。

肌样细胞（myoid cell，MC）：细胞呈长梭形，结构类似平滑肌细胞，染色较深。

精原细胞（spermatogonium，Sg）：细胞紧贴基膜，胞体小，呈圆形，胞核较圆且深染。

初级精母细胞（primary spermatocyte，PS）：为生精细胞中体积最大的一类细胞，胞核大而圆，核染色质较为清晰，有2~3层。

次级精母细胞（secondary spermatocyte，SS）：位于初级精母细胞和早期精子细胞之间，细胞体积较初级精母细胞小，圆球形，胞质染色较深，胞核圆形，染色质呈细粒状。由于存在时间短，不易被观察到。

精子细胞（spermatozoon，Sz）：分为早期精子细胞和晚期精子细胞，早期精子细胞胞体呈圆形，核淡染并向管腔聚积；晚期精子细胞为头部伸长深染，尾部淡染并朝向管腔。

支持细胞（sertoli cell，SC）：又称塞托利细胞，呈不规则的高柱状或锥状，胞质染色淡，不易观察细胞轮廓，胞核多为椭圆形或不规则形，核仁明显。

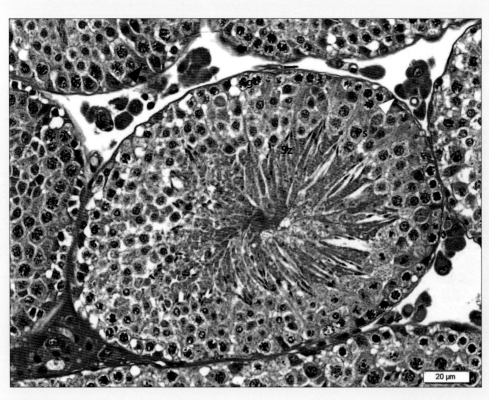

H.E. 400×

IC:间质细胞；Sc：支持细胞（黑箭头）；Sg：精原细胞；

Ps:初级精母细胞；Sz：精子细胞；MC:肌样细胞（白箭头）；

2. 附睾

低倍镜观察：

附睾外层包裹着一层粉染的肌样细胞，附睾中包含大量附睾管，附睾管多呈椭圆形，管腔中充满大量精子，管腔间为结缔组织。

上皮细胞（epithelium，EP）：附睾管的黏膜上皮为假复层柱状上皮，由2~3层细胞构成，分别为基细胞、亮细胞和带有纤毛的柱状细胞。

结缔组织（connective tissue，CT）：散在分布于附睾管之间，为大量纤维原性物质。

精子细胞（spermatid，SZ）：附睾管内精子细胞经一系列成熟变化，获得运动能力，达到功能上的成熟。

附睾管（epididymal duct，ED）：附睾管壁较厚，内充满大量精子细胞。

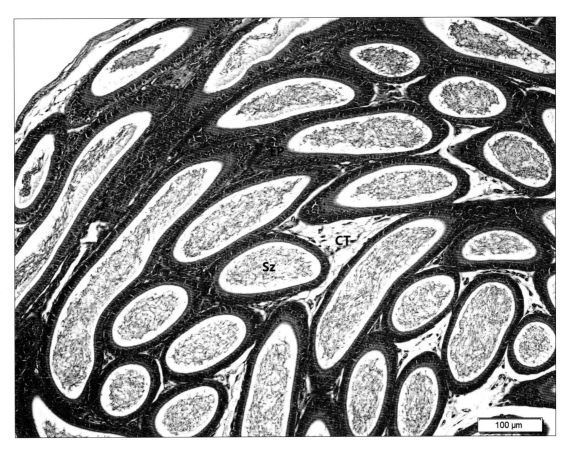

H.E. 100×

EP：上皮细胞；CT：结缔组织；SZ：精子细胞

高倍镜观察：

附睾管外层为1~2层的肌样细胞包围，肌样细胞内侧有三种不同的细胞，由外向内依次排列为基细胞、亮细胞和纤毛细胞。

基细胞（basal cell，BC）：位于上皮细胞基部，胞体小而呈长梭形，胞质染色较淡。

柱状细胞（columnar cell，CC）：细胞大多含有纤毛，纤毛的摆动有利于管腔内精子的运送，细胞胞质为絮状或颗粒状，染色较淡，细胞核淡染，位置不定。

　　肌样细胞（myoid cell，MC）：细胞呈长梭形，结构类似平滑肌细胞，染色较深。

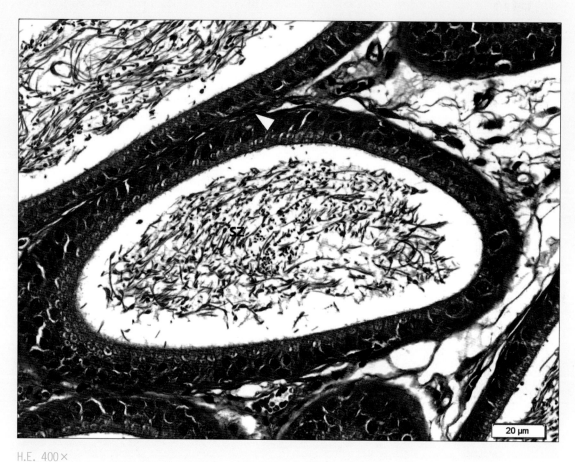

H.E. 400×

MC: 肌样细胞（黑箭头）；SZ: 精子细胞；BC: 基细胞（白箭头）；CC: 纤毛细胞

3. 精囊腺

低倍镜观察：

精囊腺外部由一层由结缔组织包膜和平滑肌层（smooth muscle，SM）组成，内部的腺上皮（glandular epithelium，GE）向内凸起形成皱襞。腔内常常充满大量淡粉染的蛋白样分泌物。

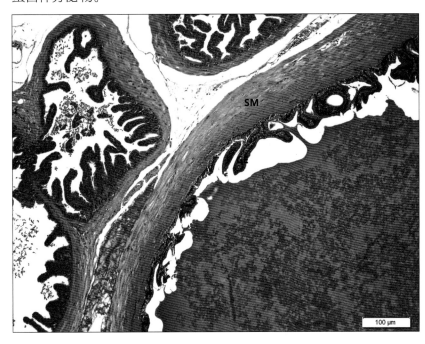

H.E. 100×

SM: 平滑肌；

GE: 腺上皮

高倍镜观察：

腺上皮由假复层柱状上皮（columnar cell，CC）构成，细胞核呈短柱状，胞浆较少。表面可见多量纤毛（cilium，C）。

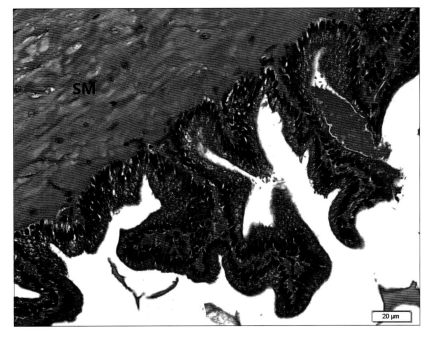

H.E. 400×

SM: 平滑肌；

GE: 腺上皮

4. 前列腺

低倍镜观察：

前列腺被富含弹性纤维和平滑肌（smooth muscle，SM）的结缔组织包裹。从被膜中可见有小梁（trabecula，T）穿插入腺体作为支撑。腺体（gland，G）本身由各个腺泡构成，腺体内部可见分泌物浓缩形成的圆形或椭圆形的均质嗜酸性结构，称为前列腺凝固体（prostatic concretion，PC）。

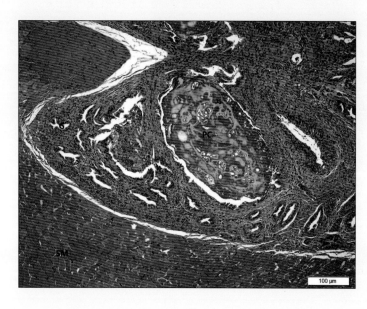

H.E. 100×

SM：平滑肌；

G：腺体；

PC：前列腺凝固体

高倍镜观察：

前列腺分泌部由单层柱状和假复层柱状上皮（columnar cell，CC）构成，向中心延伸，分隔成一个个囊腔。囊腔内可见块状的前列腺凝固体（prostatic concretion，PC）。小梁（trabecula，T）从平滑肌层深入腺体。

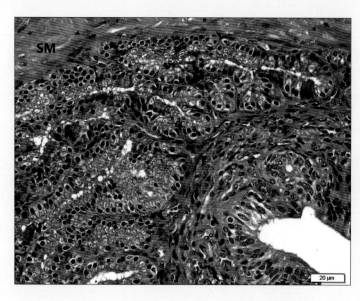

H.E. 400×

SM：平滑肌；

T：小梁；

CC：柱状上皮

十、雌性生殖系统

1. 卵巢

卵巢属实质性器官，分为被膜、实质两部分。实质部分由皮质和髓质构成。被膜外表除卵巢系膜附着外，均覆有单层扁平或立方细胞组成的生殖上皮（germinal epithelium，GE）。皮质为实质的外周部分，较厚，由不同发育阶段的卵泡、黄体和白体及结缔组织构成，占据卵巢的绝大部分。皮质浅层有较多的原始卵泡，皮质深层有由原始卵泡发育而来的较大的生长卵泡。髓质位于卵巢中央，较小，为富含弹性纤维的疏松结缔组织，内含大量的血管和神经，无卵泡分布。

原始卵泡（primordial follicle，PmF）：位于皮质浅层，体积较小，由一个初级卵母细胞（primary oocyte，PO）和周围一层扁平的卵泡细胞（follicular cell，FC）构成。初级卵母细胞为圆形，细胞质嗜酸性，细胞核大而圆。

初级卵泡（primary follicle，PrF）：初级卵母细胞体积增大，由扁平细胞变为立方或者柱状，单层变成多层。 在初级卵母细胞与卵泡细胞之间出现了一层均质状的折光性强的嗜酸性透明带（zona pellucida，ZP），卵泡周围的基质结缔组织逐步分化为卵泡膜（follicular theca，FT），但是界限不明显。

次级卵泡（secondary follicle，SF）：卵泡细胞之间出现了卵泡腔（follicular antrum，FA），腔内充满了卵泡液。初级卵母细胞、透明带、放射冠及部分卵泡细胞突入卵泡腔内形成卵丘（cumulus oophorus，CO）。卵丘中紧贴着透明带表面的一层卵母细胞为高柱状，

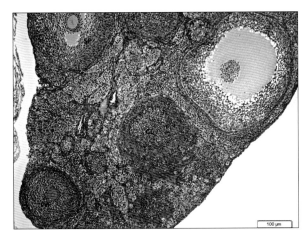

H.E. 100×

PrF：初级卵泡；

SF：次级卵泡；

CL：黄体

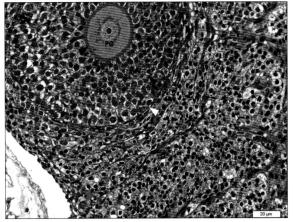

H.E. 400×

ZP：透明带（黑箭头）；PO：初级卵母细胞；

FC：卵泡细胞；PmF：原始卵泡（灰箭头）；

FT：卵泡膜（白箭头）

呈放射状排列，称为放射冠（corona radiata，CR）。卵泡腔周围的数层卵泡细胞形成卵泡壁，称为颗粒层（stratum granulosum，SG），卵泡细胞改称为颗粒细胞（granular cell，GC）。

黄体（corpus luteum，CL）：体积很大，富含血管的内分泌细胞团。由颗粒细胞分化而来的黄体细胞称为颗粒黄体细胞（granulosa lutein cell，GLC），数量多，体积大，呈多边形，着色较浅，核圆形；由卵泡膜内层细胞分化而来的黄体细胞称为膜黄体细胞（theca lutein cell，TLC），数量少，体积小，胞质和细胞核染色深，主要位于黄体周围。

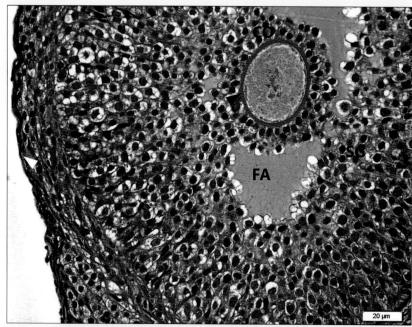

H.E. 400×

CO：卵丘；

CR：放射冠（黑箭头）；

SG：颗粒层；

FA：卵泡腔

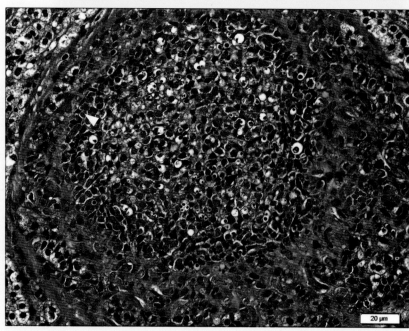

H.E. 400×

GLC：颗粒黄体细胞（黑箭头）；

TLC：膜黄体细胞（白箭头）

2. 输卵管

输卵管是把卵子输送到子宫去的管道，分为漏斗部（infundibulum，In）、壶腹部（ampulla，Am）、峡部（isthmus，Is）。管壁组织结构由黏膜（mucosa，M），肌层（muscular layer，ML）和浆膜（serosa，S）构成。整个输卵管黏膜均有皱襞，壶腹部及漏斗部的皱襞较厚，结构复杂，具有复杂的分支，分支又彼此相连形成腔隙；峡部的皱襞薄，结构简单，很少分支。

黏膜：黏膜上皮是由纤毛细胞（ciliated cell，CC）组成的单层柱状上皮，折转后形成皱襞结构，黏膜固有层由疏松结缔组织组成，内含有较多的血管及少量平滑肌纤维。

肌层：肌层峡部最厚，以发达的环形肌为主，越向远端肌层越薄，到伞部时肌层已完全消失。

浆膜：输卵管外膜为浆膜，由单层扁平上皮组成。

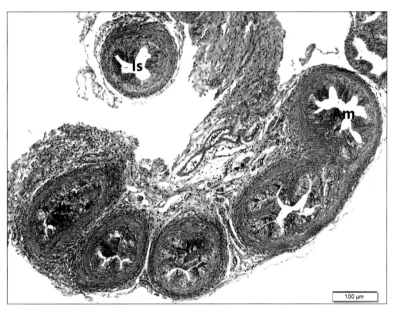

H.E. 100×

In：漏斗部；

Am：壶腹部；

Is：峡部

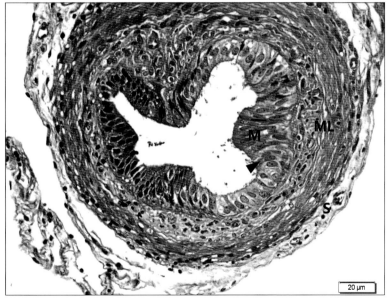

H.E. 400×

S：浆膜；

ML：肌层；

M：黏膜；

CC：纤毛细胞（黑箭头）

3. 子宫

子宫内膜（endometrium，E）：由上皮（epithelium，Ep）和固有层（lamina propria，LP）构成，固有层浅层有较多的细胞成分和简单或分支型的子宫腺（uterine gland，GI）。

子宫肌层由发达的内环肌（inner circular，IC）、外纵肌（outer longitudinal，OL）组成。在两层间或深层内部存在大的血管和淋巴管，主要供应子宫内膜的营养。

子宫外膜（perimetrium，Pe）：由疏松结缔组织构成，富含弹性纤维，在子宫个别部位主要由弹性纤维构成，其外覆间皮。

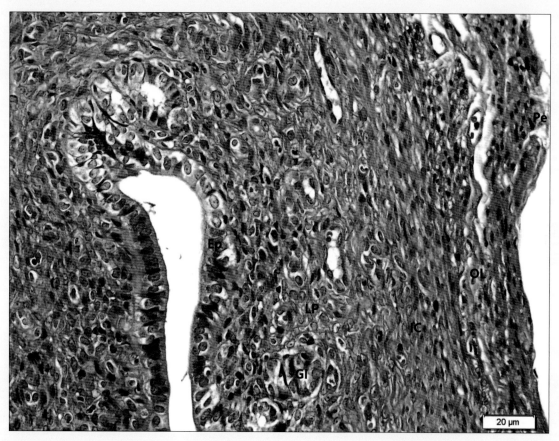

H.E. 400×

Ep：上皮；LP：固有层；GI：子宫腺；IC：内环肌；OL：外纵肌；Pe：子宫外膜

十一、感觉器官与运动系统

1. 眼

低倍镜观察：

鼠眼为球形，为视觉器官，主要由晶状体和眼球壁组成。眼球壁分三层，由外向内依次为纤维膜、血管膜和视网膜。纤维膜为眼球的最外层，前方 1/6 为角膜，后 5/6 为巩膜，两者交界处称角膜缘；血管膜（uvea）是眼球壁的中间层，由疏松结缔组织、丰富的血管和色素细胞组成，又称色素膜，自前向后分为虹膜、睫状体和脉络膜；视网膜（retina）是眼球壁的最内层，与视神经相连。眼球内容物还包括晶状体（lens，Le）。

H.E. 100×

Co：角膜；

Sc：巩膜；

Ir：虹膜；

CB：睫状体；

IA：虹膜角；

Le：晶状体

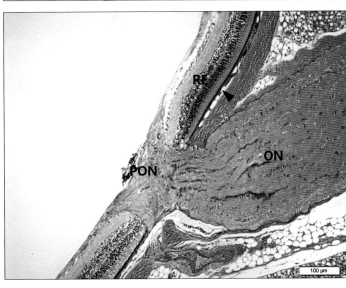

H.E. 100×

Ch：脉络膜（黑箭头）；

RE：视网膜；

PON：视神经乳头；

ON：视神经

高倍镜观察：

（1）角膜（cornea，Co）为突出于眼球前方的透明膜，边缘与巩膜相连，其组织结构由外向内可分为五层，无血管结构。

角膜上皮（corneal epithelium，CEp）：又称前上皮（anterior epithelium），为未角化的复层扁平上皮，细胞呈嗜酸性，排列紧密整齐，互相嵌合。

前界层（anterior limiting lamina，ALL）：又称鲍曼膜（Bowman's membrane），是一层无细胞的透明均质膜，主要由胶原纤维和基质构成。

角膜基质（corneal stroma，CS）：又称固有层，由层数不定的淡粉染的胶原纤维板层组成，相邻板层纤维的排列方向互相垂直，板层间有少量的呈梭形的成纤维细胞。

后界层（posterior limiting lamina，PLL）：又称德塞梅膜（Descement's membrane），是一层无细胞的基质膜，由粉染的胶原纤维和基质组成，由角膜内皮分泌形成。

角膜内皮（corneal endothelium，CEn）：又称后上皮（posterior epithelium），为单层上皮，细胞呈扁平状或立方状，胞质较少、嗜酸性。

（2）巩膜（sclera，Sc）为纤维膜的后5/6部分，由致密结缔组织构成，内含少量成纤维细胞、色素细胞、血管组织等。

（3）虹膜（iris，Ir）为一环状薄膜，位于血管膜前方，由睫状体前缘伸出，环绕形成圆孔，称瞳孔（pupil）。虹膜由前缘层、虹膜基质层、平滑肌层和色素上皮四层构成。

前缘层（anterior border layer，ABL）：由成纤维细胞、色素细胞和少量胶原纤维组成，与角膜内皮相连。

虹膜基质（iris stroma，IS）：此层较厚，由富含血管和色素细胞的疏松结缔组织构成。

平滑肌层含有平滑肌、血管、色素细胞和疏松结缔组织。

色素上皮层也称视网膜虹膜部（pars iridica retinae，PIR），延续于视网膜睫状体部。色素上皮层为单层立方色素上皮，胞质丰富，内富含黑素颗粒，可见少量脂质空泡。

虹膜角（iris angle，IA）：是眼前房的周缘，即角膜、巩膜和虹膜三者相连的夹角。

（4）睫状体（ciliary body，CB）是虹膜后外放增厚的环状结构，前与虹膜根部相连，后延续至脉络膜。睫状体自外向内可分为睫状肌、睫状基质和睫状体上皮三层。

睫状肌（ciliary muscle，CMu）：起始于虹膜距，为平滑肌。

睫状基质（ciliary matrix，CMa）：又称血管层，为富含血管的疏松结缔组织，向后延续至脉络膜的血管层。

睫状体上皮（ciliary epithelium，CE）：由两层上皮组成，均为立方上皮。深层上皮细胞体积较大，胞质中有粗大的色素颗粒，表层细胞靠近玻璃体，胞质粉染，无色素颗粒。

（5）脉络膜（choroid，Ch）为血管膜的后2/3部分，是富含血管和色素细胞的疏松结缔组织。

（6）视网膜（retina，Re）是眼球壁的最内层，衬于睫状体和虹膜内面者，无感光作用，称视网膜盲部；衬于脉络膜内面者，有感光作用，称视网膜视部。在H.E.染色切片上可分为十层结构：

a）**色素上皮层**（pigment epithelial layer，PEL）：为一层矮柱状细胞，胞质内有大量色素颗粒。

b）**视杆视锥层**（layer of rods and cones，LRC）：由感光细胞的内外节组成。内节排列较密，染色较深；外节排列较疏松，染色浅。

c）**外界膜**（outer limiting membrane，OLM）：由放射状胶质细胞的外侧游离缘及其与视细胞之间的连接组成。

d）**外核层**（outer nuclear layer，ONL）：由两种视神经的胞体构成。

e）**外网层**（outer plexiform layer，OPL）：由视细胞的轴突与双极细胞的树突及水平细胞的突起组成。

f）**内核层**（inner nuclear layer，INL）：由双极细胞、水平细胞、无长突细胞及放射状胶质细胞的胞体组成。

g）**内网层**（inner plexiform layer，IPL）：由双极细胞的轴突、无长突细胞的突起及节细胞的树突组成。

h）**节细胞层**（layer of ganglion cells，LGC）：由节细胞胞体组成。

i）**视神经纤维层**（layer of optic fibers，LOF）：由节细胞的轴突组成。

j）**内界膜**（inner limiting membrane，ILM）：由放射状胶质细胞内侧缘连接而成。主要由四种细胞——色素上皮细胞、视细胞、双极细胞和节细胞组成。

① **色素上皮细胞**（pigment epithelial cell，PEC）：位于视网膜的最外层，由一层矮柱状细胞构成。细胞排列紧密，胞核靠近细胞基部，胞质含有大量黑色素颗粒。

② **视细胞**（visual cell，VC）：又称感光细胞（photoreceptor cell），分视杆细胞和视锥细胞两种，均属于双极神经元。视杆细胞（rod cell，RC）胞体椭圆形，核深染，胞浆较少；由胞体向外伸出的突起，相当于树突，呈杆状，称为视杆；视杆又分为内节和外节，内节和外节之间有连接纤毛，外节的膜盘除基部少数仍和细胞膜相连外，其他多数膜盘均与细胞膜分离，形成独立的膜盘。视锥细胞（cone cell，CC），其树突为椎体形，称为视锥；内节和外节之间亦有连接纤毛。外节上的膜盘大部分不与细胞膜分离，亦不脱落。

③ **双极细胞**（bipolar cell，BC）：是视觉的第二级神经元，属于联合神经元，分为两类：一类的树突只与一个视细胞相连，另一类的树突可与多个视神经形成突触。与双极细胞同居一层内的还有两种横向联系的神经元。水平细胞（horizontal cell）胞体靠近视神经层，向外发出数条短而成簇的树突和一条细长的轴突。无长突细胞（amacrine cell）胞体为椎体形，较大，靠近节细胞层。

④ **节细胞**（ganglion cell，GC）：是视觉的第三级神经元，位于视网膜最内层，节细胞胞体较大，胞核较大，呈弱嗜碱性。放射状胶质细胞（radial neuroglial cell）又称米勒细胞（Müller's cell），是一种神经胶质细胞，其胞核位于双极细胞层，胞体向内外延伸分别形成内、外界膜。

（7）**晶状体**（lens，Le）：是有弹性的双凸透明体，借睫状小带连于睫状体。无血管和神经。

（8）视神经乳头（papilla of optic nerve，PON）：又称视盘（optic disk），由视网膜的神经纤维聚集而成。无视神经，故称盲点。

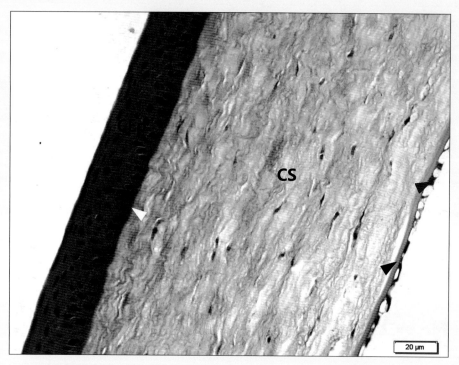

H.E. 400×

CEp：角膜上皮；ALL：前界层（白箭头）；CS：角膜基质；PLL：后界层（白箭头）；CEn：角膜内皮（灰箭头）

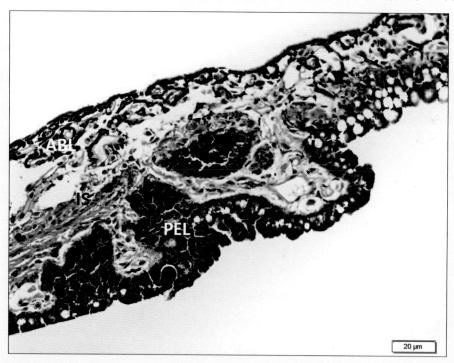

H.E. 400×

ABL：前缘层；IS：虹膜基质；PEL：色素上皮层

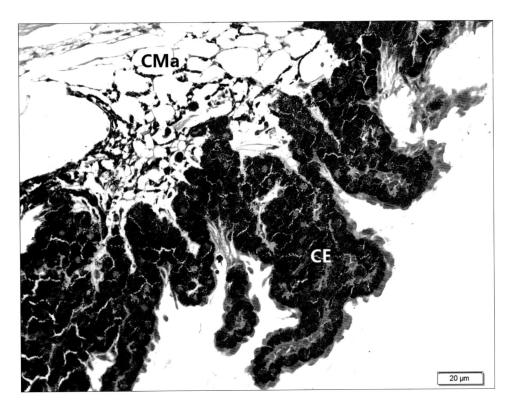

H.E. 400×

CMa：睫状基质；CE：睫状体上皮

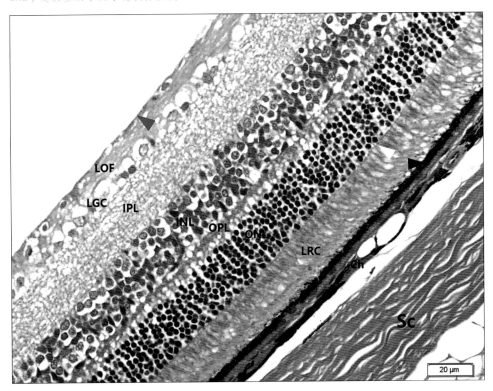

H.E. 400×

Sc：巩膜；Ch：脉络膜；PEL：色素上皮层（黑箭头）；LRC：视杆视锥层；

OLM：外界膜（白箭头）；ONL：外核层；OPL：外网层；INL：内核层；

IPL：内网层；LGC：节细胞层；LOF：视神经纤维层；ILM：内界膜（灰箭头）

2. 胸骨

低倍镜观察：

胸骨由不成对的胸骨节（sternebrac，St）借胸骨间软骨（胸骨软骨结合，synchondroses sternales，SS）连接而成。胸骨体（corpus sterni，CS）由骨膜（periosteum，Pe）、骨基质（bone matrix，BM）、骨髓（bone marrow，Bm）等构成；骨膜分布在骨的内外表面，由致密结缔组织构成，分为骨外膜和骨内膜。骨质又分为骨松质和骨密质两种类型：骨松质主要分布在长骨骨干的内侧面，骨骺及长骨的骨髓部；骨密质分布于长骨的骨干、骨骺等的外表面。骨小梁由针状或片状的骨板及骨细胞构成。胸骨间软骨是由软骨细胞和细胞间质构成，内没有血管。

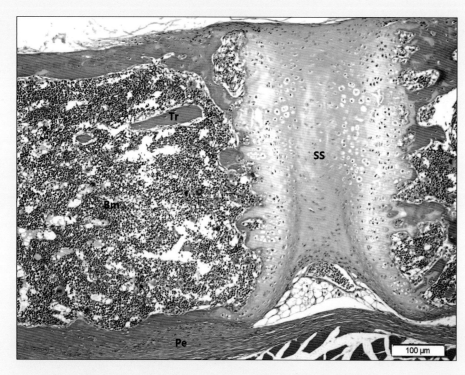

H.E. 100×

SS：骨间软骨；

Pe：骨膜；

Bm：骨髓；

Tr：骨小梁

高倍镜观察：

骨组织由细胞和细胞间质构成，也称骨基质，细胞成分有多种，包括骨原细胞、成骨细胞、骨细胞和破骨细胞。

骨原细胞（osteoprogenitor cell，OC）：位于骨膜和骨组织表面交界处，细胞体积较小，呈梭形，细胞核椭圆形或长梭形，胞质少，呈弱嗜碱性。

成骨细胞（osteoblast，Ob）：多呈单层排列在骨组织的表面，细胞体积较大，为多突起矮柱状，胞核较大，呈圆形或椭圆形，胞质嗜碱性。

骨细胞（osteocyte，Ocy）：数量最多，单个分布于骨板内或骨板间。胞体较小，呈扁椭圆形，胞体所在的腔隙称为骨陷窝，胞核圆形或椭圆形。

破骨细胞（osteoclast，Ocl）：由多个单核细胞融合而成，是一种多核大细胞，多达2~50个，胞体大，胞质嗜酸性。

骨基质（bone matrix，BM）：由大量的骨胶纤维和少量无定形基质组成。骨胶纤维成层排列，构成板层状结构，成为骨板。

骨膜（periosteum，Pe）：分为骨外膜和骨内膜，骨外膜分布于关节面以外的骨的外表面，较厚，分为内外两层，外层较厚，富含粗大密集的胶原纤维；内层较薄，纤维少，细胞成分较多，富含血管。骨内膜位于骨的腔面，为一层上皮样的骨原细胞，称为骨被覆细胞（bone lining cell，BLC），呈矮柱状或长扁形。

骨髓（bone marrow，Bm）：位于骨髓腔中，分为红骨髓和黄骨髓，此处骨干内为黄骨髓。

软骨组织（cartilage tissue，CT）：是由软骨细胞和软骨基质构成。

软骨基质（cartilage matrix，CM）：由基质和纤维构成，软骨基质呈均质粉染的凝胶状或半固体状，内有许多椭圆形小腔，称为软骨陷窝（cartilage lacuna，CL），软骨细胞位于软骨陷窝内。软骨陷窝周围的基质嗜碱性强，称为软骨囊（cartilage capsule，CC）。

软骨细胞（chondrocyte，Ch）：位于软骨陷窝内，幼稚的软骨细胞位于软骨组织的深层，单个分布，体积较小，呈椭圆形，靠近髓腔的软骨细胞较成熟，体积逐渐增大呈圆形或卵圆形，染色浅，胞质弱嗜碱性。成熟的软骨细胞多 2~8 个成群分布于软骨陷窝内，称为同源细胞群（isogenous group，IG）。

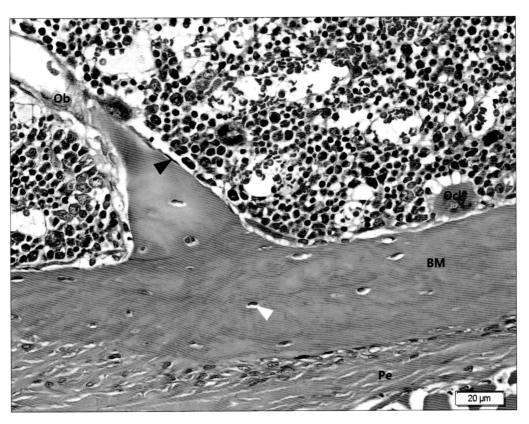

H.E. 400×

OC：骨原细胞（黑箭头）；Ob：成骨细胞；Ocy：骨细胞（白箭头）；

Ocl：破骨细胞；BM：骨基质；Pe：骨膜

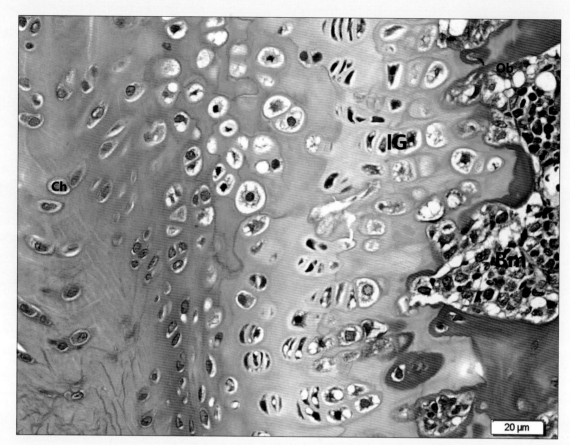

H.E. 400×

Ch：软骨细胞；IG：同源细胞群；Bm：骨髓；Ob：成骨细胞

3.膝关节

低倍镜观察：

股骨及膝关节是一个复杂的骨骼系统，由几个独立的部分组成：骨（ossa，O）、软骨（cartilage，Ca）、韧带（ligament，Li）和关节（articulation，Ar）。股骨属于长骨，由骨膜、骨质、骨髓等构成。骨膜分为骨外膜和骨内膜。骨质又分为骨松质和骨密质两种类型，前者主要位于骨骺、长骨内侧面等，是由大量骨针或骨小梁（trabecula，Tr）相互交织形成的多孔隙网状结构，网孔内为骨髓腔，内充满骨髓；后者位于长骨的骨干、骨骺的外表面，由规律排列的骨板、骨单位和间骨板组成。

膝关节（articulatio genus）包括股胫关节（ariculatio femorotibialis，AFt）和股膝关节（ariculatio femoropatellaris，AFp）。股胫关节由股骨髁和胫骨的近端构成，之间插有半月板（meniscus articularis，MA），股膝关节由髌骨（kneecap，K）和股骨的关节面构成。关节囊（casula articularis，C）宽大，由外侧的纤维层（membrana fibrosa，MF）和内侧面的滑膜层（membrana synovialis，MS）构成。关节囊内侧为关节腔（cavum articulare，Caa）。

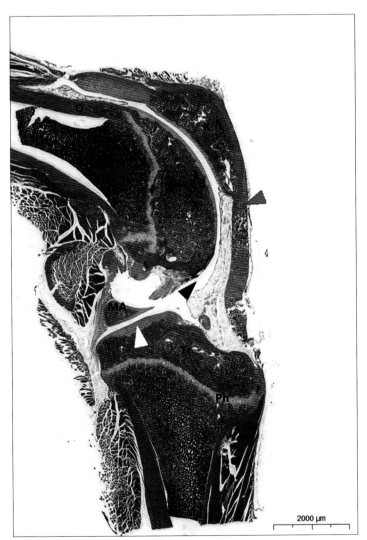

H.E.

O：骨；

Ca：软骨（白箭头）；

MA：半月板；

K：髌骨；

Tr：骨小梁；

Ph：干骺端生长板；

Bm：骨髓；

C：关节囊（灰箭头）；

Caa：关节腔（黑箭头）

高倍镜观察：

干骺端生长板（physes，Ph）：以软骨组织（cartilage tissue，CT）为主，可以分为软骨储备或静止区，软骨增长区和软骨肥大区。储备区为幼稚软骨细胞（chondrocyte，Ch），体积较小，单个散在分布，增长区软骨细胞纵向呈柱状排列在软骨陷窝（cartilage lacuna，CL）内，软骨陷窝周围嗜碱性强的基质称为软骨囊（cartilage capsule，CC）。软骨肥大区靠近骨髓腔，软骨细胞体积变大，胞核呈圆形或椭圆形，分泌的基质逐渐被矿化呈嗜碱性。

关节软骨（articular cartilage，AC）：由软骨组织和软骨下骨组成，靠近关节腔内的软骨体积较小，细胞呈圆形或椭圆形，胞核弱嗜碱性；逐渐向内软骨细胞发生矿化，软骨细胞位于软骨陷窝内，胞核呈梭形或扁圆形，嗜碱性增强，最里面为骨组织或骨小梁。

半月板（meniscus，Me）：由软骨组织组成，包括软骨细胞和细胞间质。

关节囊（articular capsule）：由外层的纤维层（fibrous layer，FL）和内层的滑膜层（synovial layer，SL）构成。纤维层是富含血管的致密结缔组织，滑膜层由一不完整细胞层和纤维细胞及下方的疏松结缔组织组成，部分深层区域可见脂肪组织，表面层可见两种类型的细胞，即体积较大、胞质丰富的巨噬细胞和梭形的成纤维样细胞。关节腔内可见粉染的颗粒样物质。

说明：无对应高倍镜图片，高倍镜下难以区分膝关节结构。

4. 膈肌

低倍镜观察：

膈肌主要由骨骼肌组成，同其他组织中的骨骼肌相比较，膈肌的肌纤维较短，肌外膜由一薄层结缔组织包围而成，伸入肌内将肌束分隔或包围大小不等的肌束，呈交错排列，细胞核较多。

H.E. 100×

高倍镜观察：

肌外膜（epimysium）由一层致密结缔组织组成，向肌内深入形成大小不等的肌束，形成肌束膜（perimysium）。肌细胞呈纤维状，较短粗，呈交错排列，有明显的明暗交替的横纹，肌内膜（endomysium）间有较丰富的毛细血管，可见少量呈长梭形的成纤维细胞。肌细胞胞核较多，呈椭圆形或长椭圆形，弱嗜碱性，核仁明显。

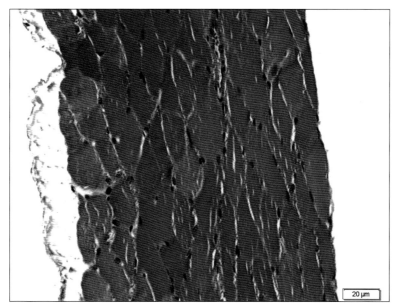

H.E. 400×

5. 股骨肌肉

低倍镜观察：

股骨肌肉为由结缔组织包围的骨骼肌，又称横纹肌，主要由肌细胞组成，肌细胞间有少量的结缔组织，以及血管和神经。包在整块肌外面的结缔组织为肌外膜（epimusium），它是一层致密结缔组织膜，含有血管和神经。肌外膜向内伸入分隔和包围大小不等的肌束，形成肌束膜（perimysium）。肌内膜为包裹单个肌纤维的少量结缔组织，含有丰富的毛细血管。

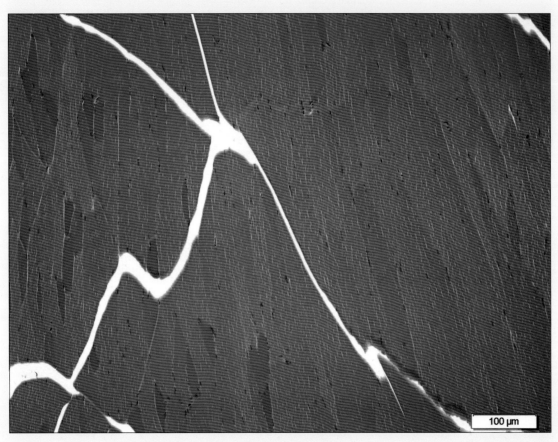

H.E. 100×

高倍镜观察：

　　肌细胞呈长纤维形，又称肌纤维（muscle fiber），平行排列、不分支，有明显的明暗交替的横纹；胞核很多，一条肌纤维内含有几十个甚至几百个细胞核，位于肌浆的周边及肌膜下方，核呈扁椭圆形，弱嗜碱性。

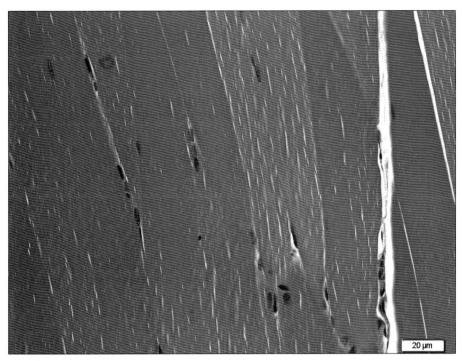

H.E. 400×
股骨肌肉纵切面

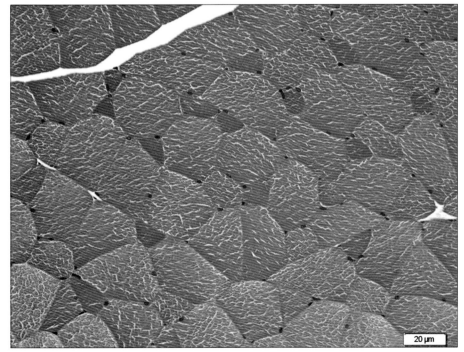

H.E. 400×
股骨肌肉横切面

第二部分

部分自发性疾病病理学图谱

一、免疫系统病理

1. 脾脏肿瘤性增生

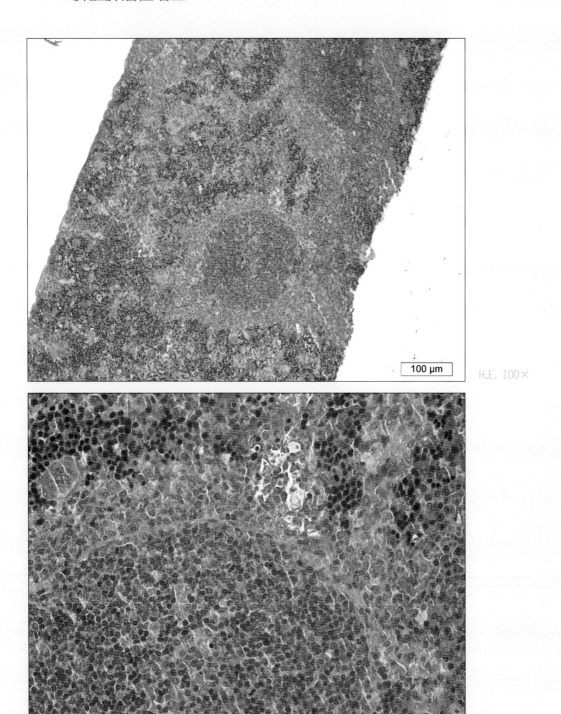

H.E. 100×

H.E. 400×

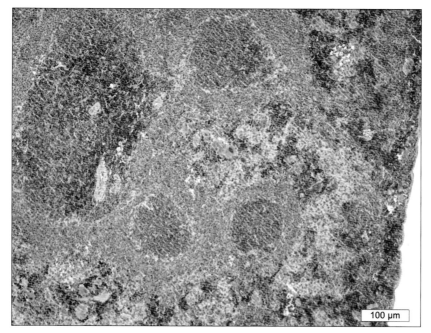

H.E. 100×

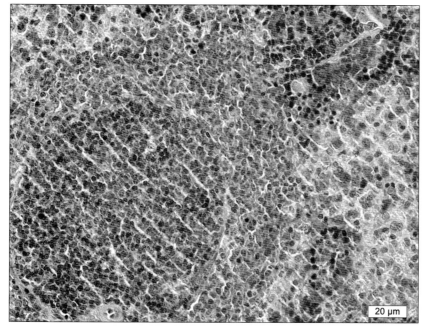

H.E. 400×

　　低倍镜下，可见脾脏被膜完整，小梁结构不发达，脾脏实质内白髓、红髓结构不清晰，无明显边缘区，脾小体结构消失，取而代之的是淋巴细胞肿瘤性增生形成类似脾小体的滤泡样淋巴结节，散在分布在脾脏实质内。

　　高倍镜下，可见脾小体结构被增生的肿瘤细胞所取代，细胞以淋巴样细胞为主，排列密集，形成大小不等的淋巴滤泡样结构；肿瘤细胞体积较小，胞质较少，胞核深蓝染，核质比较高，偶见病理性核分裂像，外周围绕着染色相对较浅的细胞，胞体较大，与周围组织分界明显；四周有淋巴样肿瘤细胞散在分布于原红髓区域。脾脏内可见胞质丰富、体积较大的巨细胞大量增生，散在分布于脾脏实质中，胞质内有多个核聚集排列。

2. 脾炎

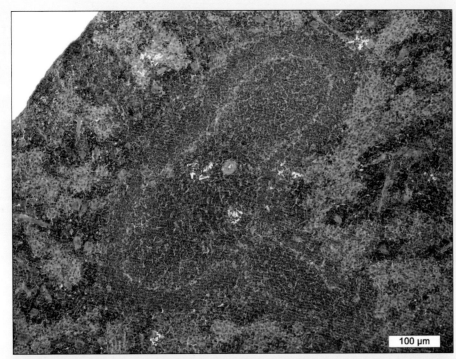

H.E. 100×

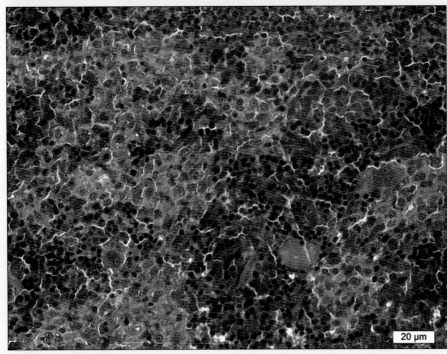

H.E. 400×

　　低倍镜下，脾脏表面由浆膜和薄层结缔组织组成的被膜结构完整。深入脾内的小梁结构不发达。部分区域白髓和红髓结构不清晰，无明显的边缘区。

　　高倍镜下，可见胞体呈圆形或椭圆形，胞浆较少，胞核深蓝染，核质比较高的大量淋巴样细胞增多，呈片状、团块状分布。

3. 慢性淋巴结炎

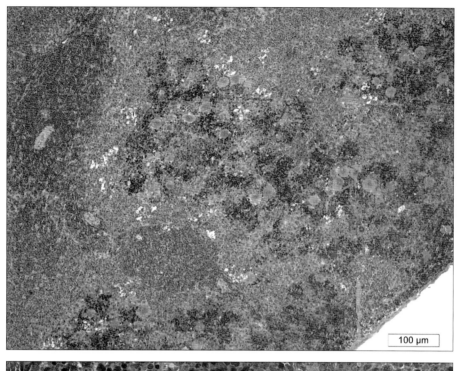

H.E. 100×

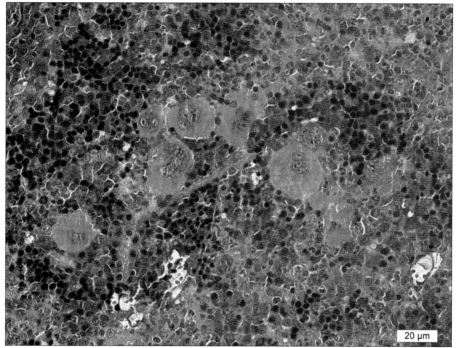

H.E. 400×

低倍镜下，淋巴结皮质分布有许多淋巴小结，染色较深，结构正常，其内层的髓质染色较淡，但也可见有一些染色较深的呈条索状分布的细胞。

高倍镜下，髓质区有大量的多核巨细胞，体积较大，呈椭圆形，胞质较丰富。胞核由多个细胞核融合在一起，多核巨细胞周围有许多染色较深的蓝染的淋巴样细胞。

二、心血管系统疾病

1. 心肌出血

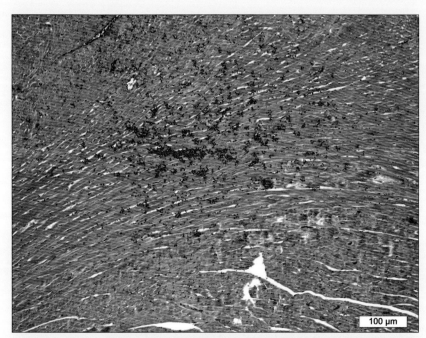

H.E. 100×

H.E. 400×

低倍镜下，心肌纤维排列整齐，染色均匀，心肌纤维之间有大量的红细胞聚集；高倍镜下可见大量的红细胞，呈圆形或椭圆形，成团分布在心肌纤维之间。

三、呼吸系统病理

1. 间质性肺炎

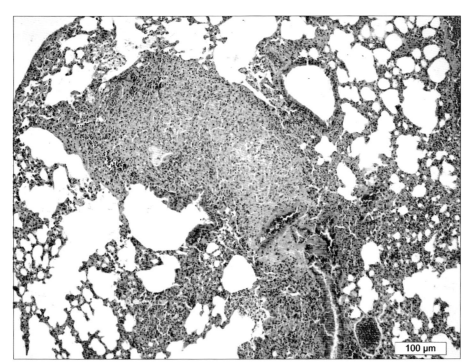

H.E. 100×

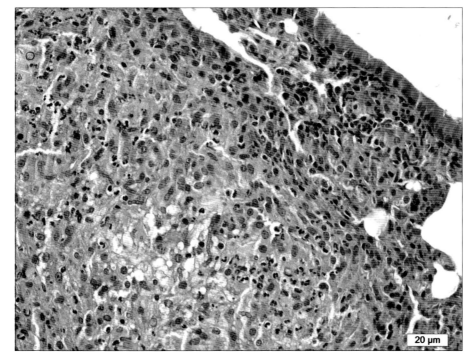

H.E. 400×

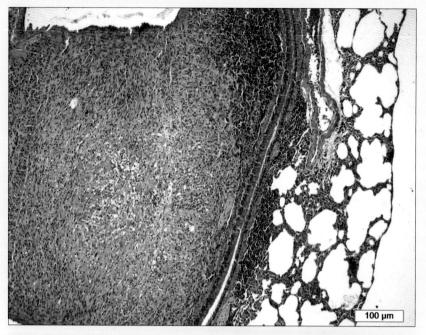

H.E. 100×

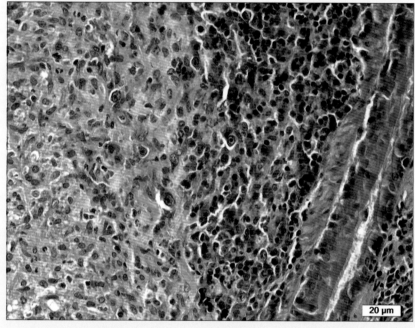

H.E. 400×

低倍镜下，肺脏浆膜完整，支气管及各级分支与肺泡结构清晰，部分区域可见较大的炎性反应灶，有大量炎性细胞浸润和纤维结缔组织增生。

高倍镜下，可见呼吸性细支气管及其分支形成的肺泡管，肺泡间由薄的胶原纤维和弹性纤维层隔开，纤维层与两肺泡表面的扁平上皮细胞一起构成肺泡隔，内有丰富的毛细血管，可见大量红染的血细胞。部分区域可见较大的炎性灶，反应灶的四周以深蓝染的淋巴样细胞为主，可见呈分叶核，胞浆粉染的嗜中性粒细胞浸润，灶内纤维组织增生明显，纤维细胞排列紊乱，细胞界限不清，胞质粉染，胞核弱嗜碱性，核仁明显。可见坏死的细胞核碎裂成若干小块，散在分布。

四、消化系统病理

1. 肝癌

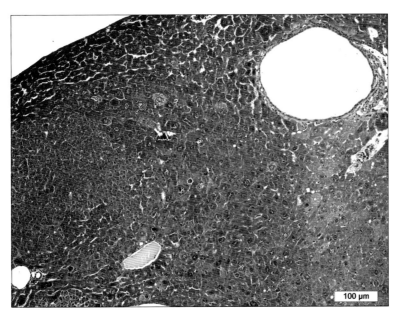

H.E. 100×

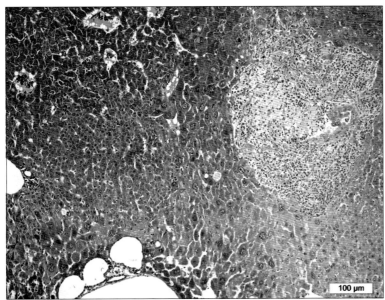

H.E. 100×

　　低倍镜下，肝脏被膜结构完整，中央静脉清晰可见，肝小叶结构不明显，肝索结构排列紊乱，部分区域胆管扩张明显，形成大小不等、形状各异的管状空腔；肝实质内可见弥散性或条索状分布的体积较大的巨细胞性肝细胞，与正常肝细胞差异明显。正常肝索结构消失，肝血窦受挤压，可见粉染坏死灶呈团块样或岛状分布。

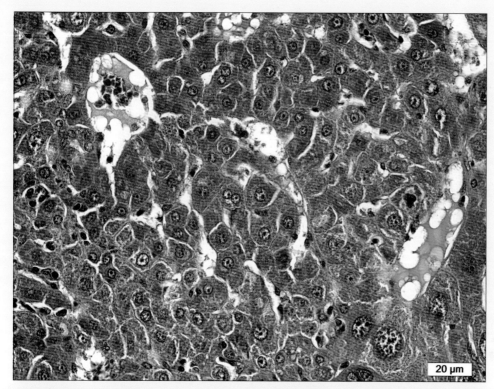

H.E. 400×

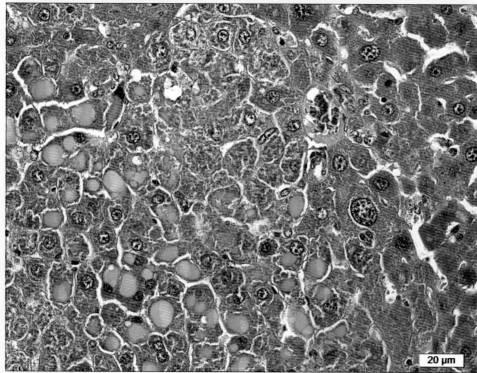

H.E. 400×

　　高倍镜下，肝细胞排列紊乱，肝索结构消失，成弥散性、片状生长。肝细胞胞体较大，约为正常肝细胞的3~5倍，胞质粉染，胞核体积较大，蓝染呈圆形或椭圆形，核仁明显；肝血窦受挤压形成狭小的腔隙，部分肝细胞坏死形成无细胞结构粉染颗粒，有些胞核内出现嗜酸性的粉染均质物，细胞轮廓仍然在。肝实质内可见胆管扩张，胆管上皮受挤压成长梭形。

2. 肝脏坏死

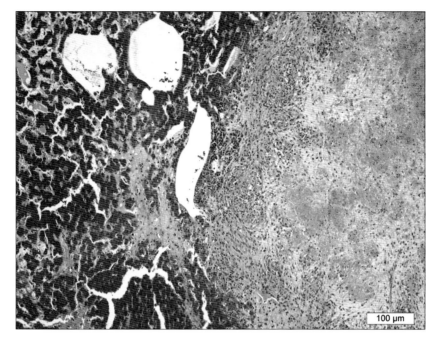

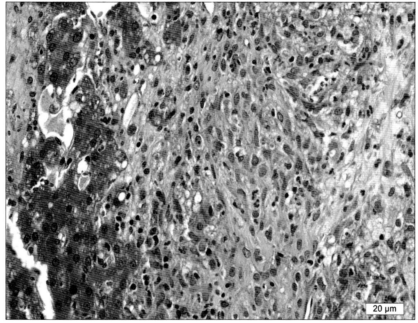

　　低倍镜下，肝脏被膜结构完整，中央静脉清晰可见，肝小叶结构不明显，肝索结构紊乱。部分区域可见肝细胞坏死，呈粉染，无明显细胞结构。肝组织内有一个较大面积的炎性反应灶，周围肝脏组织受压迫，结构受损，炎性灶内纤维结缔组织增生，有炎性细胞浸润。

　　高倍镜下，肝索排列紊乱，肝细胞胞体较大，胞质粉染，胞核蓝染呈圆形，核仁明显；部分肝血窦内散在数量较少的红细胞和粉染的蛋白样物，炎性灶内以体积较小，深蓝染的淋巴样细胞为主，可见分叶核的中性粒细胞，纤维组织增生明显，长梭形的成纤维细胞交织成网，散布其间。反应灶的中心细胞坏死形成无细胞形态的粉染样结构，核碎裂明显。

3. 肝炎

病例 1

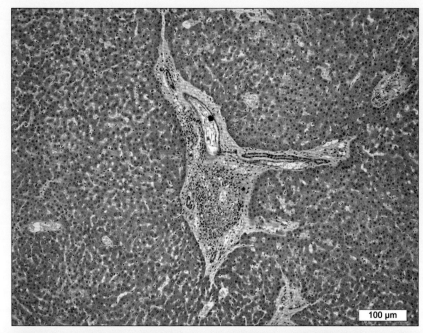

H.E. 100×

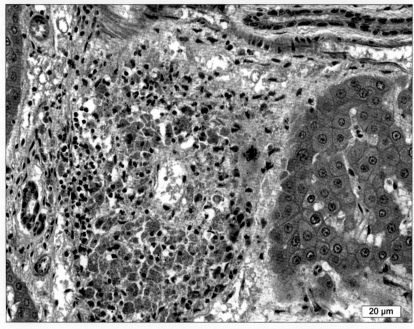

H.E. 400×

低倍镜下，肝脏被膜完整，肝小叶结构不清晰，肝索排列较正常，部分区域门管区周围疏松、水肿，可见炎性细胞浸润和细胞坏死，与周围组织界限明显。

高倍镜下，肝索排列清晰，肝细胞呈多边形，胞质粉染，胞核成圆形或椭圆形，核仁明显，肝血窦内有体积较小、呈多角形染色较深的枯否氏细胞；部分区域汇管区结缔组织疏松、水肿，以深蓝染的淋巴样细胞浸润为主，可见分叶核的中性粒细胞，部分细胞变性坏死，形成粉染的无定形结构。

病例 2

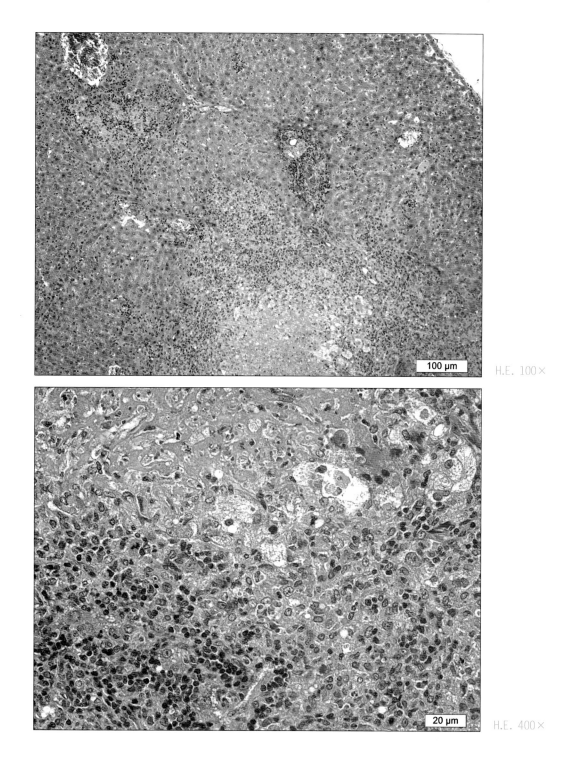

H.E. 100×

H.E. 400×

低倍镜下，肝脏被膜完整，肝实质有许多蓝色深染的细胞聚集的区域，呈岛状分布。

高倍镜下，可见肝细胞之间的蓝色深染区域为淋巴细胞、枯否氏细胞等组成的炎性反应灶，其间有一些增生的结缔组织及毛细血管。

4. 肝脏肿胀变性

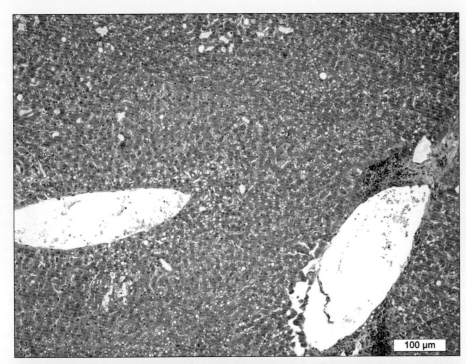

H.E. 100×

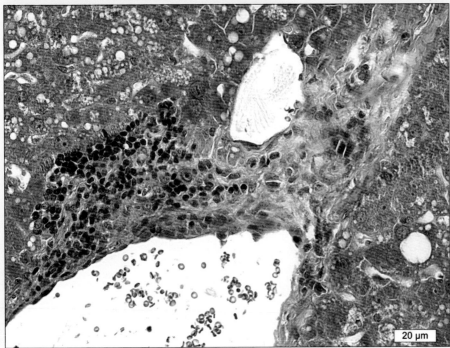

H.E. 400×

低倍镜下，肝脏被膜完整，中央静脉结构较清晰，肝小叶结构不明显，肝实质内可见多处局部的蓝染区域。

高倍镜下，肝细胞胞质内有大量粉染的颗粒样物质，胞浆内形成大小不等的空泡；蓝染区域正常的肝细胞结构已经消失，取而代之的是大量的体积相对较小的淋巴样细胞，胞核深蓝染，核质比较高。

5. 肝脏脂肪变性
病例 1

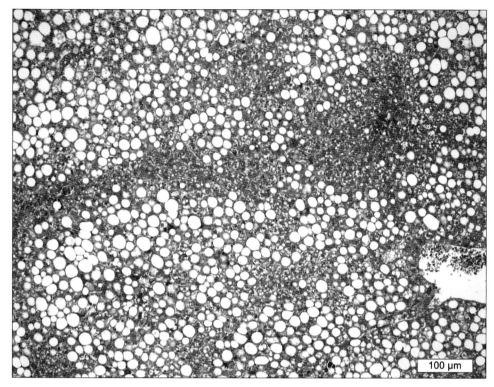

H.E. 100×

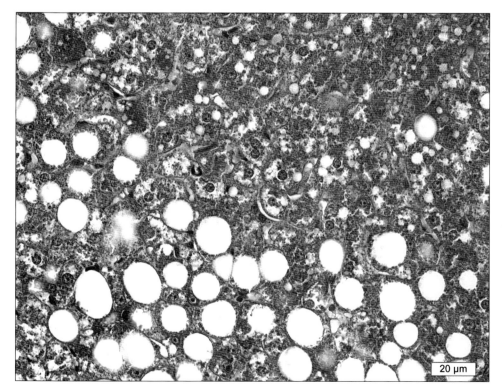

H.E. 400×

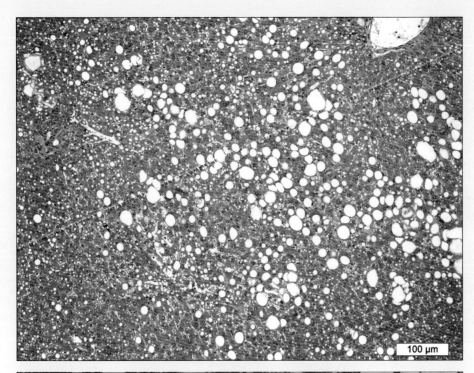

H.E. 100×

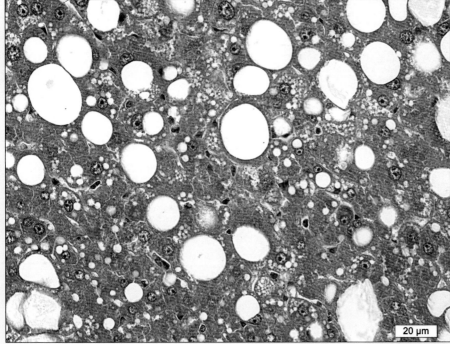

H.E.4 00×

　　低倍镜下，肝脏被膜结构完整，中央静脉清晰可见，肝小叶结构不清晰，肝小叶内多处可见大量大小不一的透明空泡。

　　高倍镜下，肝索排列紊乱，肝细胞肿胀严重，胞质内有数量不等的粉染颗粒，部分细胞胞浆被脂肪滴占满，或脂滴融合形成较大的空泡，将胞核挤压至细胞一侧。胞核蓝染呈圆形，核仁明显；窦状隙受挤压不明显，部分区域肝细胞变性坏死，形成粉染的无细胞结构。肝血窦内散在数量较少的红细胞，以及胞核呈多边形或锥形的枯否氏细胞。

病例 2

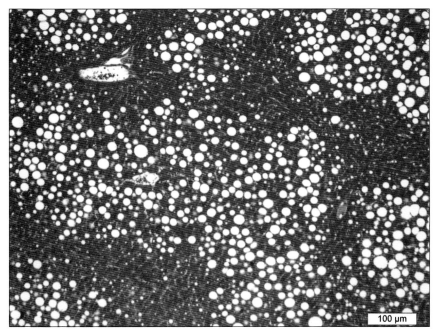

H.E. 100×

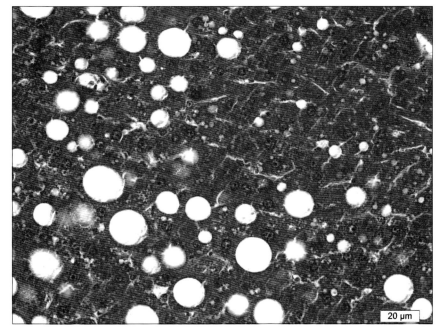

H.E. 400×

　　低倍镜下，以中央静脉为中心，肝索结构排列紊乱，多处可见肝小叶内有多个大小不一的透明空泡。

　　高倍镜下，肝索排列紊乱，肝细胞肿胀严重，多个细胞的胞浆被脂肪滴占满，或脂滴融合形成较大的空泡，将胞核挤压至细胞一侧。胞核蓝染呈圆形，核仁明显；窦状隙受挤压不明显，部分区域肝细胞变性坏死，形成粉染的无细胞结构。肝血窦内散在数量较少的红细胞，以及胞核呈多边形或锥形的枯否氏细胞。

6. 肝脏囊肿

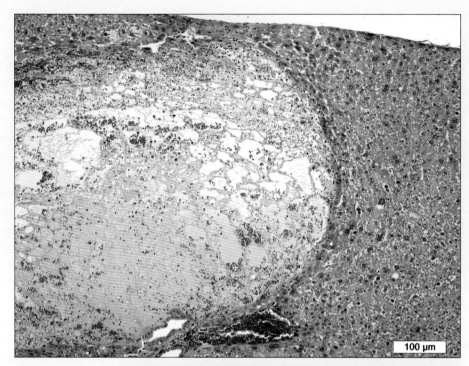

H.E. 100×

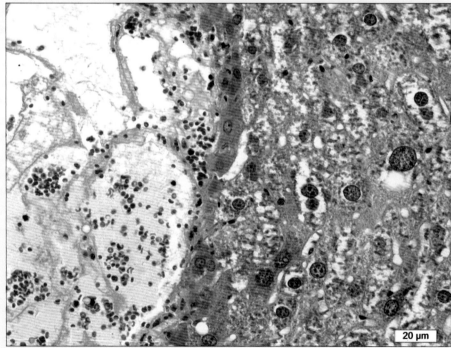

H.E. 400×

　　低倍镜下，肝脏被膜结构完整，被膜下可见一个较大的呈椭圆形的囊腔，囊腔内肝脏细胞结构消失，充满大量浆液性物质以及红细胞；

　　高倍镜下，可见有些肝细胞核肿大，囊腔内的物质均质粉红染，可见成团聚集的红细胞。

7. 肝脏局灶性坏死

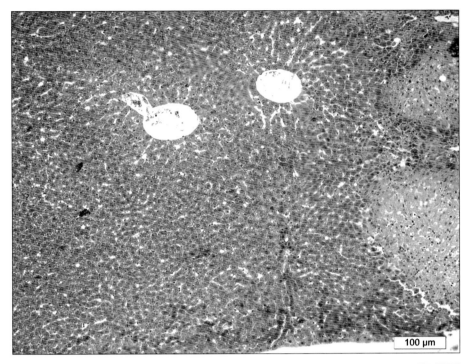

H.E. 100×

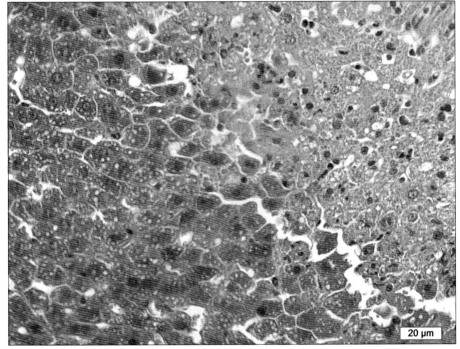

H.E. 400×

低倍镜下，肝脏的中央静脉、肝索、肝血窦等结构排列规则，有些区域颜色变浅，呈现粉红色不规则团块。

高倍镜下，坏死区域内可见肝细胞胞质颜色变浅，胞核变小，甚至消失。

8. 肝脏弥散性坏死
病例 1

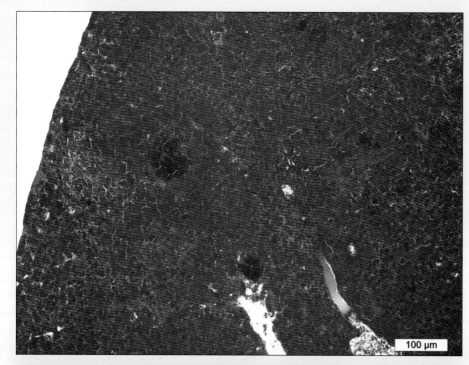

H.E. 100×

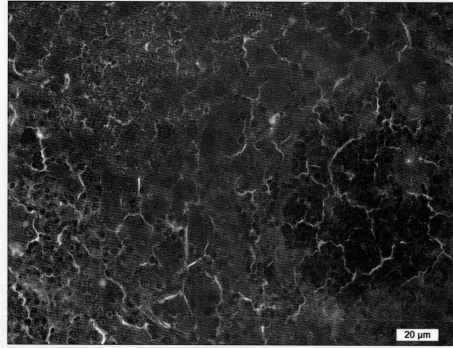

H.E. 400×

低倍镜下，肝被膜完整，肝小叶结构不清晰，可见多个大小不一的炎性病灶。

高倍镜下，可见肝细胞肿胀，形态不规则，细胞界限不清晰，胞核较大，核仁明显。炎性灶内肝细胞崩解消失，有大量核深染胞质不明显的淋巴样细胞聚集。

病例 2

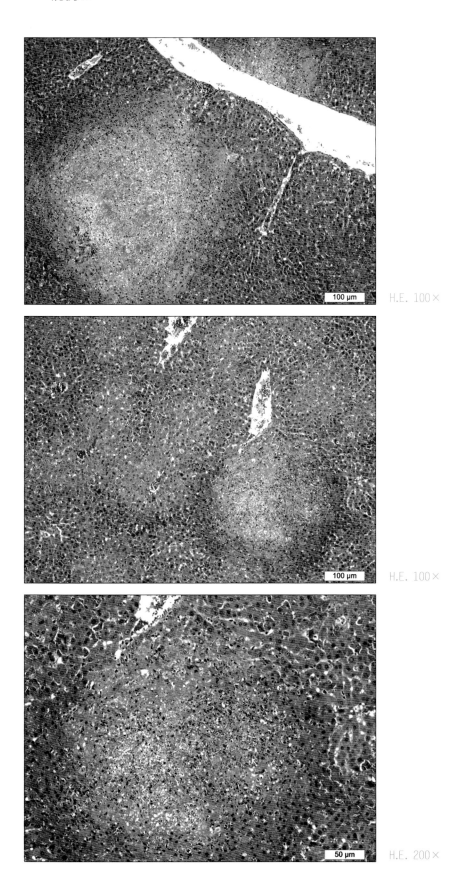

H.E. 100×

H.E. 100×

H.E. 200×

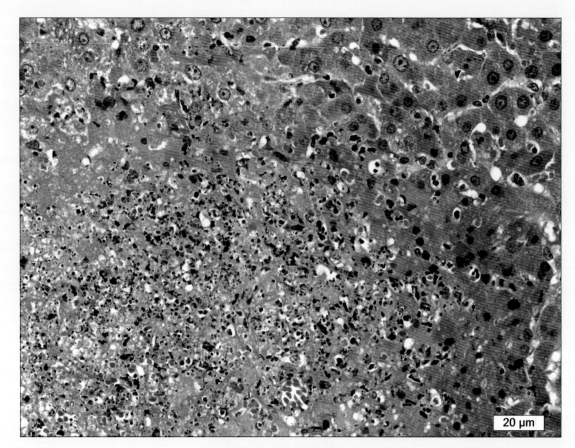

H.E. 400×

　　低倍镜下，肝小叶结构不清晰，肝索染色不均，肝索呈辐射状排列在中央静脉的周围，结构轻度紊乱，多数中央静脉内淤血，可见坏死灶散布于肝小叶中。

　　高倍镜下，大多数肝细胞排列整齐，呈锥形或多边形，细胞核呈圆形或椭圆形，中央静脉淤血。坏死灶区域的肝细胞细胞核固缩或碎裂，部分坏死灶细胞碎裂崩解，形成均质红染的无定形结构。

9. 结肠坏死

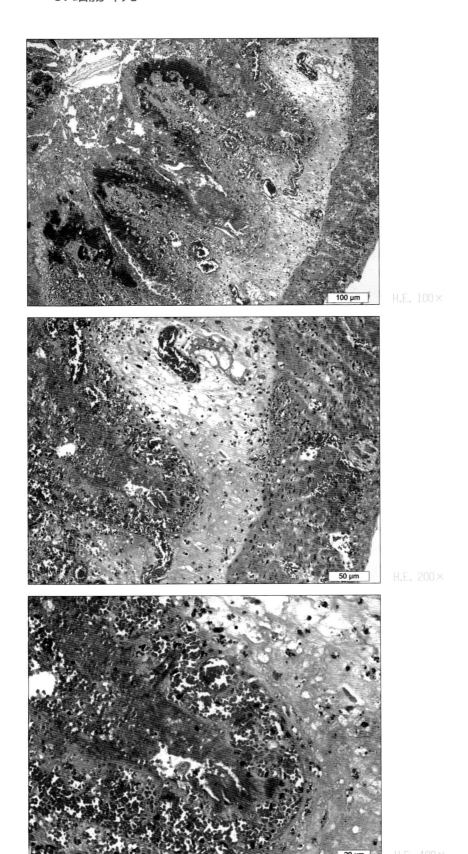

H.E. 100×

H.E. 200×

H.E. 400×

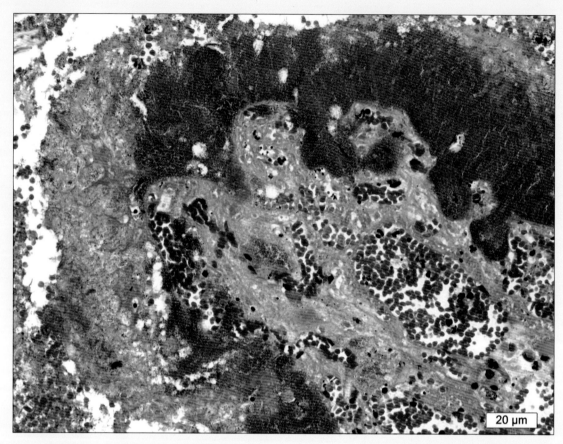

H.E. 400×

　　低倍镜下，观察结肠结构，可见结肠具有完整四层结构，包括黏膜层、黏膜下层、肌层、浆膜层。整个组织严重坏死和充血，黏膜上皮脱落管腔内，镜下仅见一些无定形的颗粒状物质，黏膜层有大量的粉染分泌物，黏膜表面有嗜碱性深染的区域，可能是细菌或钙等其他物质沉积所致。

　　高倍镜下，看不到表面的黏膜上皮细胞，固有层的毛细血管扩张明显，可见大小不等的血管，血管内充盈大量红细胞，并且可见细胞核嗜碱性深染的炎性细胞浸润。黏膜下层和肌层的血管扩张，充盈红细胞。

五、泌尿生殖系统病理

1. 慢性肾病

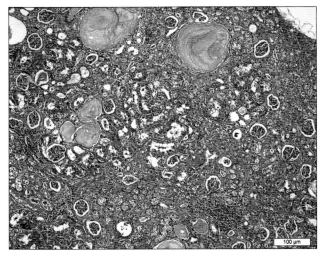

H.E. 100×

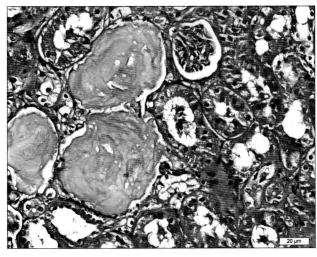

H.E. 400×

低倍镜下，可见肾脏被膜完整，皮质内分布有大量的管状结构的肾小管、集合管，以及呈球形的肾小球、成囊状的肾小囊。部分区域可见肾小管扩张、肾小管上皮脱落，管腔内有大量粉染的蛋白样物质，部分肾小球萎缩，球囊内呈空腔样，可见粉染蛋白样物质渗出，呈团块状聚集，皮质、髓质内偶见较小的炎性反应灶，有炎性细胞浸润。

高倍镜下，可见肾小管上皮细胞肿胀，胞浆淡染，胞核挤向一侧，部分肾小管扩张，管腔内有脱落的上皮细胞成分，管腔内有粉染蛋白样物质，皮质内部分区域可见小的炎性灶。炎性细胞以深蓝染的淋巴样细胞为主，多处可见粉染蛋白样物质渗出、蓄积，呈团块样，均质，无细胞结构。

2. 肾坏死

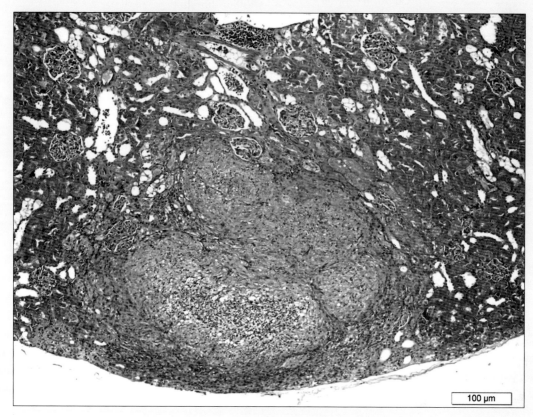

H.E. 100×

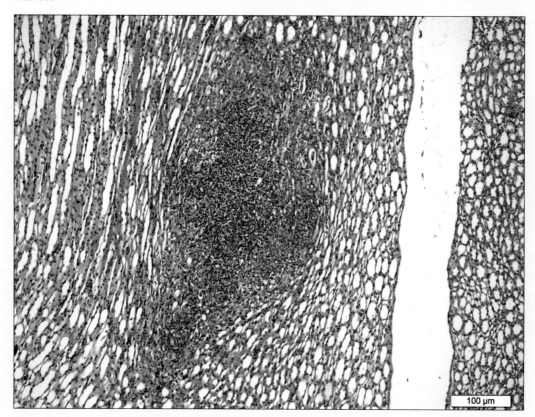

H.E. 100×

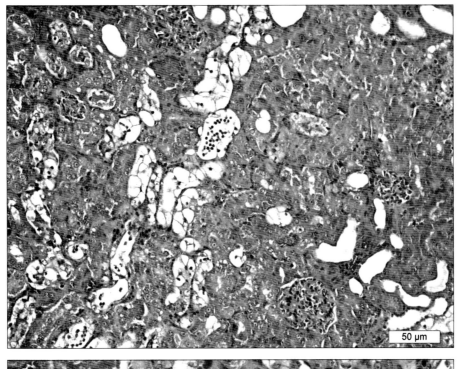

H.E. 200×

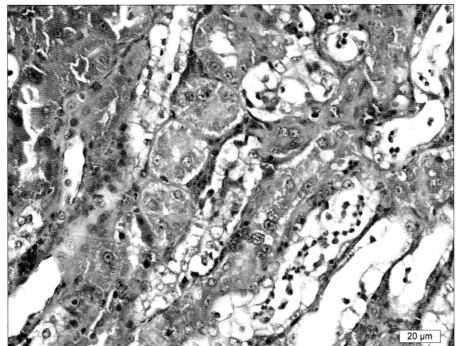

H.E. 400×

　　低倍镜下，可见皮质、髓质区域内均有呈岛屿状或团块状的粉染的坏死灶，组织结构紊乱，看不出原有的结构。周围组织中有大量的红细胞散在分布，有些视野中可见嗜酸性的炎性细胞浸润。

　　高倍镜下，肾小管上皮细胞肿胀，胞浆空泡化，胞核呈圆形，肾小管内可见脱落上皮细胞及炎性细胞成分，以深蓝染的淋巴样细胞和分叶核的嗜中性粒细胞为主，形成细胞管型。有的管腔内可见粉染的蛋白样物质，形成蛋白管型；坏死灶内细胞排列杂乱，呈粉染无定型结构。

六、神经系统病理

脑神经胶质细胞结节

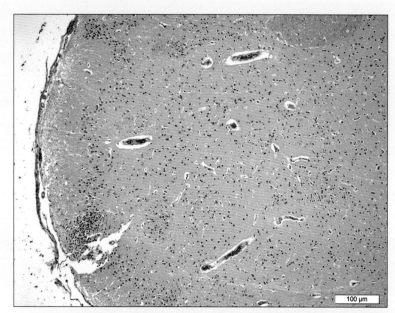

H.E. 100×

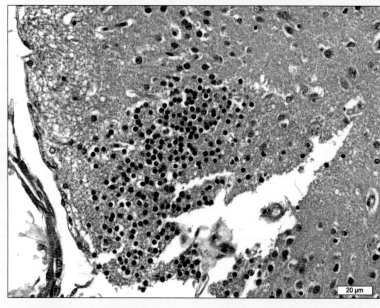

H.E. 400×

低倍镜下，大脑部分区域脑膜不完整、脱落，脑膜下有蓝染的细胞聚集，呈岛屿状或团块样，间质血管扩张、充血，血管周隙增宽。

高倍镜下，蓝染的细胞团块内以胶质细胞增生为主，细胞较小，呈圆形或椭圆形，深蓝染，核质比高。